環境計量士（濃度関係）

国家試験問題　解答と解説

2．環化・環濃（環境計量に関する基礎知識／化学分析概論及び濃度の計量）

（第68回～第70回）

一般社団法人　日本計量振興協会 編

コ　ロ　ナ　社

計量士をめざす方々へ

（序にかえて）

近年，社会情勢や経済事情の変革にともなって産業技術の高度化が急速に進展し，有能な計量士の有資格者を求める企業が多くなっております。

しかし，計量士の国家試験はたいへんむずかしく，なかなか合格できないと嘆いている方が多いようです。

本書は，計量士の資格を取得しようとする方々のために，最も能率的な勉強ができるよう，この国家試験に精通した専門家の方々に執筆をお願いして編集しました。

内容として，専門科目あるいは共通科目ごとにまとめてありますので，どの分野からどんな問題が何問ぐらい出ているかを研究してみてください。そして，本書に沿って，問題を解いてみてはいかがでしょう。何回か繰り返し演習を行うことにより，かなり実力がつくといわれています。

もちろん，この解説だけでは納得がいかない場合もあるかもしれません。そのときは適切な参考書を求めて，その部分を勉強してください。

そして，実際の試験場では，どの問題が得意な分野なのか，本書によって見当がつくわけですから，その得意なところから始めると良いでしょう。なお，解答時間は，1問当り3分たらずであることに注意してください。

さあ，本書なら，どこでも勉強できます。本書を友として，ぜひとも合格の栄冠を勝ち取ってください。

2020年9月

一般社団法人 日本計量振興協会

目　　次

本書は，第 68 回（平成 30 年 3 月実施）～第 70 回（令和元年 12 月実施）の問題をそのまま収録し，その問題に解説を施したもので，当時の法律に基づいて編集されております。したがいまして，その後の法律改正での変更（例えば，省庁などの呼称変更，法律の条文・政省令などの変更）には対応しておりませんのでご了承下さい。

1. 環境計量に関する基礎知識（化学）

環　化

1.1　第68回（平成30年3月実施）

問 1

環境基本法第16条の環境基準に関する次の記述の（ア）～（ウ）に入る語句の組合せとして，正しいものを一つ選べ。

第16条　政府は，大気の汚染，水質の汚濁，土壌の汚染及び (ア) に係る環境上の条件について，それぞれ，人の健康を保護し，及び生活環境を保全する上で (イ) 基準を定めるものとする。

2　（略）

3　第一項の基準については，常に適切な (ウ) が加えられ，必要な改定がなされなければならない。

4　（略）

	（ア）	（イ）	（ウ）
1	騒　音	維持されることが望ましい	科学的判断
2	騒　音	維持されなければならない	自然的社会的判断
3	振　動	維持されることが望ましい	健康で文化的な判断
4	生態系	維持されることが望ましい	科学的判断
5	生態系	維持されなければならない	自然的社会的判断

題 意　環境基本法第16条の環境基準の内容について問う。

解 説　環境基本法第16条に

第十六条　政府は，大気の汚染，水質の汚濁，土壌の汚染及び(ア)騒音に係る環境上の条件について，それぞれ，人の健康を保護し，及び生活環境を保全する上で(イ)維持されることが望ましい基準を定めるものとする。

二 前項の基準が，二以上の類型を設け，かつ，それぞれの類型を当てはめる地域又は水域を指定すべきものとして定められる場合には，その地域又は水域の指定に関する事務は，次の各号に掲げる地域又は水域の区分に応じ，当該各号に定める者が行うものとする。

一 二以上の都道府県の区域にわたる地域又は水域であって政令で定めるもの　政府

二 前号に掲げる地域又は水域以外の地域又は水域　次のイ又はロに掲げる地域又は水域の区分に応じ，当該イ又はロに定める者

イ 騒音に係る基準（航空機の騒音に係る基準及び新幹線鉄道の列車の騒音に係る基準を除く。）の類型を当てはめる地域であって市に属するもの　その地域が属する市の長

ロ イに掲げる地域以外の地域又は水域　その地域又は水域が属する都道府県の知事

三 第一項の基準については，常に適切な(ウ)科学的判断が加えられ，必要な改定がなされなければならない。

四 政府は，この章に定める施策であって公害の防止に関係するもの（以下「公害の防止に関する施策」という。）を総合的かつ有効適切に講ずることにより，第一項の基準が確保されるように努めなければならない。

と記載されている。よって，選択肢**1**が正しい組合せである。

正解 **1**

問 2

大気汚染防止法第2条（定義等）に規定する「ばい煙」に該当しない物質を次の中から一つ選べ。

1 いおう酸化物

2 ばいじん

3 カドミウム

4 塩素

5　石綿

題意　大気汚染防止法第2条に規定されている「ばい煙」の種類を問う。

解説　大気汚染防止法第2条第1項に

第二条　この法律において「ばい煙」とは，次の各号に掲げる物質をいう。

一　燃料その他の物の燃焼に伴い発生するいおう酸化物

二　燃料その他の物の燃焼又は熱源としての電気の使用に伴い発生するばいじん

三　物の燃焼，合成，分解その他の処理（機械的処理を除く。）に伴い発生する物質のうち，カドミウム，塩素，弗（ふっ）化水素，鉛その他の人の健康又は生活環境に係る被害を生ずるおそれがある物質（第一号に掲げるものを除く。）で政令で定めるもの

と記載され，石綿は「ばい煙」に含まれていない。よって，ばい煙に該当しない物質は，選択肢**5**が該当する。

正解　**5**

問 3

大気汚染防止法において，大気の汚染の状況の監視等に関する次の記述の中から，誤っているものを一つ選べ。

1　都道府県知事は，環境省令で定めるところにより，大気の汚染（放射性物質によるものを除く。）の状況を常時監視しなければならない。

2　都道府県知事は，環境省令で定めるところにより，大気の汚染（放射性物質によるものを除く。）の状況の常時監視の結果を環境大臣に報告しなければならない。

3　環境大臣は，環境省令で定めるところにより，放射性物質（環境省令で定めるものに限る。）による大気の汚染の状況を常時監視しなければならない。

4　都道府県知事は，環境省令で定めるところにより，当該都道府県の区域に係る大気の汚染（放射性物質によるものを含む。）の状況を公表しなければならない。

5　環境大臣は環境省令で定めるところにより，放射性物質（環境省令で定めるものに限る。）による大気の汚染の状況を公表しなければならない。

【題意】　大気の汚染の状況の監視について，条文の内容を問う。

【解説】　大気汚染防止法第22条および24条に

第二十二条　都道府県知事は，環境省令で定めるところにより，大気の汚染（放射性物質によるものを除く。第二十四条第一項において同じ。）の状況を常時監視しなければならない。

二　都道府県知事は，環境省令で定めるところにより，前項の常時監視の結果を環境大臣に報告しなければならない。

三　環境大臣は，環境省令で定めるところにより，放射性物質（環境省令で定めるものに限る。第二十四条第二項において同じ。）による大気の汚染の状況を常時監視しなければならない。

第二十四条　都道府県知事は，環境省令で定めるところにより，当該都道府県の区域に係る大気の汚染の状況を公表しなければならない。

二　環境大臣は，環境省令で定めるところにより，放射性物質による大気の汚染の状況を公表しなければならない。

と記載され，第22条第1項に「大気の汚染（放射性物質によるものを除く。第二十四条第一項において同じ。）」と記載されていることから，第24条第1項の大気の汚染には，放射性物質は含まれないので，選択肢**4**の記載内容は誤りである。

【正解】　**4**

問 4

水質汚濁防止法第2条第2項第1号において，政令で定める物質（「有害物質」という。）に該当しない物質を，次の中から一つ選べ。

1　シアン化合物

2　アルキル水銀

3　ホルムアルデヒド

4　ポリ塩化ビフェニル

5　四塩化炭素

【題意】　水質汚濁防止法第2条第2項に規定されている「有害物質」の種類を問う。

【解説】　水質汚濁防止法第2条第2項に

第二条

二　この法律において「特定施設」とは，次の各号のいずれかの要件を備える汚水又は廃液を排出する施設で政令で定めるものをいう。

一　カドミウムその他の人の健康に係る被害を生ずるおそれがある物質として政令で定める物質（以下「有害物質」という。）を含むこと。

二　化学的酸素要求量その他の水の汚染状態（熱によるものを含み，前号に規定する物質によるものを除く。）を示す項目として政令で定める項目に関し，生活環境に係る被害を生ずるおそれがある程度のものであること。

これを受けて，水質汚濁防止法施行令第2条に

第二条　法第二条第二項第一号の政令で定める物質は，次に掲げる物質とする。

一　カドミウム及びその化合物

二　シアン化合物（選択肢**1**）

三　有機燐りん化合物（ジエチルパラニトロフエニルチオホスフエイト（別名パラチオン），ジメチルパラニトロフエニルチオホスフエイト（別名メチルパラチオン），ジメチルエチルメルカプトエチルチオホスフエイト（別名メチルジメトン）及びエチルパラニトロフエニルチオノベンゼンホスホネイト（別名EPN）に限る。）

四　鉛及びその化合物

五　六価クロム化合物

六　砒《ひ》素及びその化合物

七　水銀及びアルキル水銀その他の水銀化合物（選択肢**2**）

八　ポリ塩化ビフェニル（選択肢**4**）

九　トリクロロエチレン

十　テトラクロロエチレン

十一　ジクロロメタン

十二　四塩化炭素（選択肢**5**）

十三　一・二-ジクロロエタン

十四　一・一-ジクロロエチレン

十五　一・二-ジクロロエチレン

十六　一・一・一-トリクロロエタン

十七　一・一・二-トリクロロエタン

十八　一・三-ジクロロプロペン

十九　テトラメチルチウラムジスルフイド（別名チウラム）

二十　二-クロロ-四・六-ビス（エチルアミノ）-s-トリアジン（別名シマジン）

二十一　S-四-クロロベンジル＝N・N-ジエチルチオカルバマート（別名チオベンカルブ）

二十二　ベンゼン

二十三　セレン及びその化合物

二十四　ほう素及びその化合物

二十五　ふつ素及びその化合物

二十六　アンモニア，アンモニウム化合物，亜硝酸化合物及び硝酸化合物

二十七　塩化ビニルモノマー

二十八　一・四-ジオキサン

と記載され，「有害物質」にホルムアルデヒドは含まれていないので，選択肢**3**が該当する。

【正解】**3**

問 5

水質汚濁防止法第14条の2において，次の（ア）～（オ）の施設のうち，事故時の措置を講ずる必要がある施設はいくつあるか。次の**1**～**5**の中から一つ選べ。

（ア）カドミウムその他の人の健康に係る被害を生ずるおそれがある物質として水質汚濁防止法施行令第2条で定める物質（以下「有害物質」という。）を含む汚水又は廃液を排出する施設で同施行令別表第一に掲げる施設

（イ）化学的酸素要求量その他の水の汚染状態（熱によるものを含み，有害物

質によるものを除く。）を示す項目として水質汚濁防止法施行令第 3 条で定める項目に関し，生活環境に係る被害を生ずるおそれがある程度の汚水又は廃液を排出する施設で同施行令別表第一に掲げる施設

（ウ）有害物質を貯蔵し，若しくは使用している施設

（エ）有害物質及び重油その他の水質汚濁防止法施行令第 3 条の 4 で定める油以外の物質であって公共用水域に多量に排出されることにより人の健康若しくは生活環境に係る被害を生ずるおそれがある指定物質を製造し，貯蔵し，使用し，若しくは処理する施設

（オ）重油その他の水質汚濁防止法施行令第 3 条の 4 で定める油（以下単に「油」という。）を貯蔵し，又は油を含む水を処理する施設で水質汚濁防止法施行令第 3 条の 5 で定める施設

1　1 個

2　2 個

3　3 個

4　4 個

5　5 個

【題 意】　水質汚濁防止法第 14 条の 2 に該当する施設の種類を問う。

【解 説】　水質汚濁防止法第 14 条の 2（事故時の措置）に

第十四条の二　特定事業場の設置者は，当該特定事業場において、特定施設の破損その他の事故が発生し、有害物質を含む水若しくはその汚染状態が第二条第二項第二号に規定する項目について排水基準に適合しないおそれがある水が当該特定事業場から公共用水域に排出され，又は有害物質を含む水が当該特定事業場から地下に浸透したことにより人の健康又は生活環境に係る被害を生ずるおそれがあるときは，直ちに，引き続く有害物質を含む水若しくは当該排水基準に適合しないおそれがある水の排出又は有害物質を含む水の浸透の防止のための応急の措置を講ずるとともに，速やかにその事故の状況及び講じた措置の概要を都道府県知事に届け出なければならない。

2　指定施設を設置する工場又は事業場（以下この条において「指定事業場」という。）の設置者は，当該指定事業場において，指定施設の破損その他の事故が発生

し，有害物質又は指定物質を含む水が当該指定事業場から公共用水域に排出され，又は地下に浸透したことにより人の健康又は生活環境に係る被害を生ずるおそれがあるときは，直ちに，引き続く有害物質又は指定物質を含む水の排出又は浸透の防止のための応急の措置を講ずるとともに，速やかにその事故の状況及び講じた措置の概要を都道府県知事に届け出なければならない。

3　貯油施設等を設置する工場又は事業場（以下この条において「貯油事業場等」という。）の設置者は，当該貯油事業場等において，貯油施設等の破損その他の事故が発生し，油を含む水が当該貯油事業場等から公共用水域に排出され，又は地下に浸透したことにより生活環境に係る被害を生ずるおそれがあるときは，直ちに，引き続く油を含む水の排出又は浸透の防止のための応急の措置を講ずるとともに，速やかにその事故の状況及び講じた措置の概要を都道府県知事に届け出なければならない。

4　都道府県知事は，特定事業場の設置者，指定事業場の設置者又は貯油事業場等の設置者が前三項の応急の措置を講じていないと認めるときは，これらの者に対し，これらの規定に定める応急の措置を講ずべきことを命ずることができる。

と記載され，同法第2条第2，4および5項に

2　この法律において「特定施設」とは，次の各号のいずれかの要件を備える汚水又は廃液を排出する施設で政令で定めるものをいう。

一　カドミウムその他の人の健康に係る被害を生ずるおそれがある物質として政令で定める物質（以下「有害物質」という。）を含むこと。

二　化学的酸素要求量その他の水の汚染状態（熱によるものを含み，前号に規定する物質によるものを除く。）を示す項目として政令で定める項目に関し，生活環境に係る被害を生ずるおそれがある程度のものであること。

4　この法律において「指定施設」とは，有害物質を貯蔵し，若しくは使用し，又は有害物質及び次項に規定する油以外の物質であって公共用水域に多量に排出されることにより人の健康若しくは生活環境に係る被害を生ずるおそれがある物質として政令で定めるもの（第十四条の二第二項において「指定物質」という。）を製造し，貯蔵し，使用し，若しくは処理する施設をいう。

5　この法律において「貯油施設等」とは，重油その他の政令で定める油（以下単に「油」という。）を貯蔵し，又は油を含む水を処理する施設で政令で定めるものをいう。

と記載されている。これを受けて，水質汚濁防止法施行令第3条の5には

第三条の五　法第二条第五項の政令で定める施設は，次に掲げる施設とする。

一　前条の油を貯蔵する貯油施設

二　前条の油を含む水を処理する油水分離施設

と記載されていることから，設問の五つのすべての施設が該当するので，選択肢**5**が該当する。

【正解】 **5**

【問】6

アルコールの反応に関する次の記述の中から，誤っているものを一つ選べ。ただし，いずれの反応でも副生成物として水が生成する。

1　メタノールとサリチル酸を硫酸触媒存在下，還流して反応させると，サリチル酸メチルが生成する。

2　エタノールを硫酸触媒存在下，170℃で反応させると，主にジエチルエーテルが生成する。

3　エタノールと酢酸を硫酸触媒存在下，還流して反応させると，酢酸エチルが生成する。

4　2-プロパノールを0℃で臭化水素酸と反応させると，主に2-ブロモプロパンが生成する。

5　グリセリンを18℃以下で濃硝酸-濃硫酸-発煙硫酸の混合物と反応させると，ニトログリセリンが生成する。

【題意】　アルコール（水酸基）の反応について基礎知識を問う。

【解説】　サリチル酸とメタノールによりフィッシャーエステル合成反応を行うと，脱水縮合を起こしてサリチル酸メチルが合成される（**図1**参照）（選択肢**1**は正しい）。

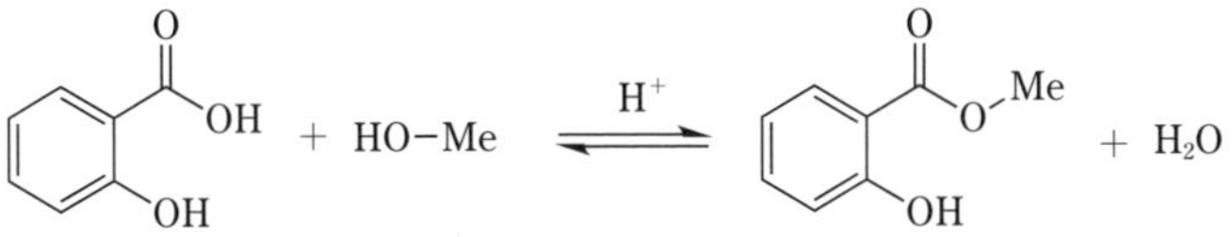

図1　サリチル酸メチルの合成

同様にして，硫酸を酸触媒として酢酸とエタノールとを加熱して脱水縮合させ，生成する酢酸エチルを連続的に蒸留で取り出すことで効率よく合成することができる（選択肢**3**は正しい）。

アルコールの脱水は，対称エーテルの一般合成法である。**図2**に示すように，濃硫酸中で，140℃に加熱する条件下で，エタノールから分子間脱水によりジエチルエーテルを生成する。この反応は，S_N2 求核置換反応である。

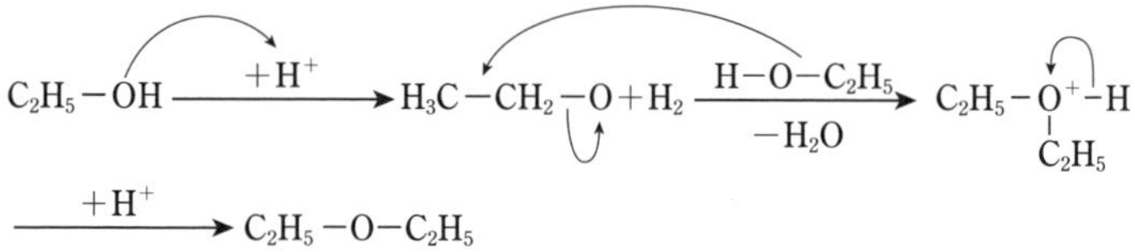

図2　ジエチルエーテルの合成

一方，濃硫酸を混ぜた状態で 160 ～ 170 ℃まで温度を上げると，今度は分子内脱水が起こり，エチレンが生成する（選択肢**2**は誤り）。

一般に，第一級アルコールとハロゲン化水素との反応では，最初にヒドロキシル基のプロトン化により脱離基ができ，S_N2 機構で置換が起きる。反応は過熱する必要がある。第三級アルコールとでは，室温で混合するだけで，S_N1 機構によって，三級ハロゲン化アルキルになる。第二級アルコールでは，これらの両方の反応機構が起こると考えられる。いずれにしても，2-プロパノールと臭化水素酸の反応では，2-ブロモプロパノールが生成する（選択肢**4**は正しい）。

3価のアルコールであるグリセリンのヒドロキシル基を硝酸と硫酸の混酸で硝酸エステル化するとニトログリセリンが生成する（**図3**参照）（選択肢**5**は正しい）。

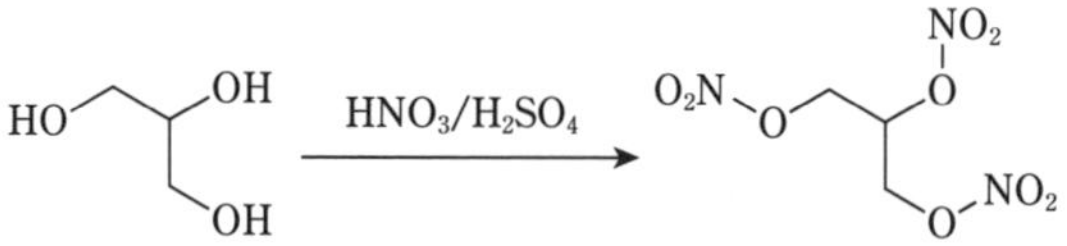

図3　ニトログリセリンの合成

正 解　**2**

問 7

一つのアシル基 R−C（＝O）− に原子または原子団が一つ結合した化合物の

一般名に関する次の記述の中から，誤っているものを一つ選べ。ただし，R はアルキル基を示す。

1　水素原子が結合した化合物はアルデヒドである。

2　アルキル基が結合した化合物はケトンである。

3　ヒドロキシ基が結合した化合物はカルボン酸である。

4　アルコキシ基が結合した化合物はエステルである。

5　アミノ基が結合した化合物はイミドである。

【題 意】　アシル基の置換基の種類の名称を問う。

【解 説】　アシル基 R_1－C（＝O）－ の R_1 に結合した官能基によってその名称が変わる。**表**にアシル基の官能基 R_1 の種類と名称をまとめて示した。

表　アシル基 R_1－C（＝O）－ の R_1 に結合した官能基の名称

官能基 R_1 の種類	アシル基の構造	名　称
水素原子：H－	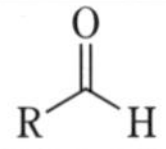	アルデヒド基
アルキル基：CH_3－，R'－	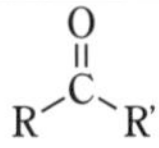	ケトン基
ヒドロキシ基：OH－	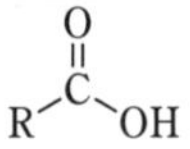	カルボキシル基
アルコキシ基：R'O－	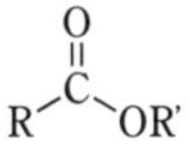	エステル基
アミノ基：NH_2－，NR'R"	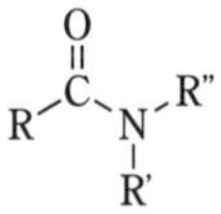	アミド基
NR_1COR_2－	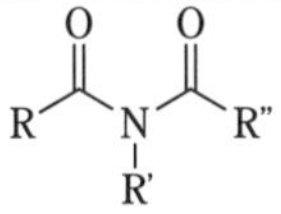	イミド基

この表からわかるように，アミノ基が結合した官能基の名称は，アミド基であり，化合物の名称はアミドである（選択肢 **5** は誤り）。

【正 解】　**5**

問 8

名称および構造式で示した次の化合物またはイオンの中から，芳香族性を示さないものを一つ選べ。

名称　　　　　構造式

1　ピリジン

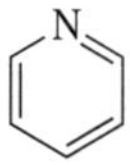

2　シクロペンタジエニルカチオン

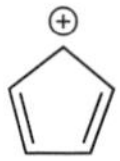

3　ナフタレン

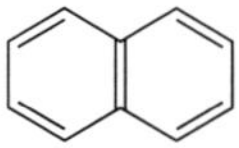

4　アズレン

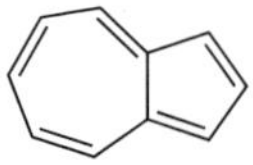

5　[18] アヌレン

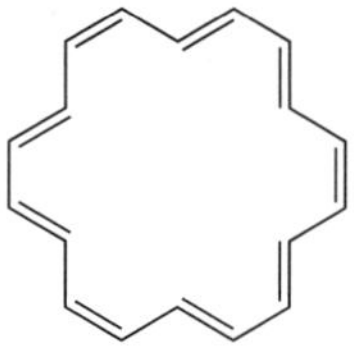

題意　芳香族性について基礎知識を問う。

解説　つぎに示す①～③をすべて満たすような性質を芳香族性といい，このような規則のことを Hückel（ヒュッケル）則という。

①　π 電子系に含まれる電子の数が $4n+2$（n = 0, 1, 2, 3, …）個であること。

②　環全体が平面構造をとっていること。

③　環を構成する全原子が sp^2 混成軌道をとっていること。

このような性質をもつ化合物は，π 電子の非局在化により安定な化合物となる。芳香族性をもつ化合物の代表例がベンゼンである。二重結合一つに π 電子の数が二つ存在するから，ベンゼンは π 電子を六つもち，$n=1$ の場合に相当する。この法則は，不飽和複素環式化合物および縮環化合物にも拡張される。π 電子系は二重結合由来に限定されず，窒素や酸素原子の孤立電子対，負電荷による 2 電子供与，正電子をもったホウ素原子の空の p 軌道なども π 電子系に関与する。例えば，**図 1** に示すように，ピ

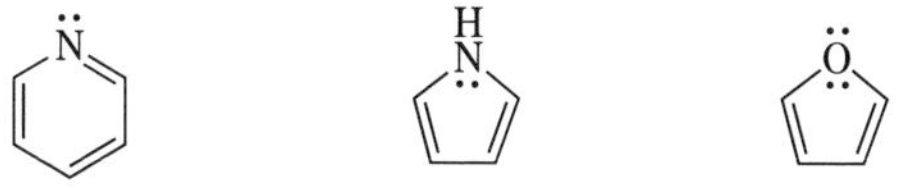

(a) ピリジン　　(b) ピロール　　(c) フラン

図 1　ピリジン，ピロールおよびフランの化学構造

リジン，ピロール，フランなどのヘテロ原子をもつ化合物は，6 個の π 電子をもち芳香族性をもつ。

これは，ピロール，フランではそれぞれ N（窒素原子）や O（酸素原子）の非共有電子対が π 電子として働くからである。これによって π 電子が 6 個になり，ヒュッケル則を満たすようになる。すなわち，ピロールの N の非共有電子対は p 軌道に収容されて芳香族性に関与する。また，フランの O の一方の非共有電子対は p 軌道で芳香族性に寄与し，もう一方の非共有電子対は sp^2 混成軌道となる。ピリジンの場合，非共有電子対は芳香族性に関与せず，二重結合だけで 6 個の π 電子をもち芳香族性をもつ。また，**図 2** に示すように，シクロペンタジエニルアニオンやシクロヘプタトリエニルカチオンは，イオンではあるが 6π 電子系に属し，ヒュッケル則を満たしているので芳香族性をもつ。

(a) シクロペンタジエニルアニオン　　(b) シクロヘプタトリエニルカチオン

図 2　シクロペンタジエニルアニオンとシクロヘプタトリエニルカチオンの化学構造

設問の化学種について，ヒュッケル則に従い，π 電子の数と $4n+2$ に当てはまる n の値を**表 1** に示す。π 電子の数が $4n+2$（n はゼロまたは整数）であれば，その化学種は芳香族性をもつ。これに対して，$4n$ 個の π 電子をもつ平面環状共役化学種は，π 電子の非局在化によって系のエネルギーが増大し不安定化する。このような化学種は反芳香族性をもっているという。

この表からわかるように，シクロペンタジエニルカチオンの π 電子の数は 4 個であり当てはまる n の値はないので，芳香族性を示さない。

表 1　化合物の π 電子の数と $4n+2$ に当てはまる n の値

	名　称	π 電子の数	$4n+2$ に当てはまる n の値
1	ピリジン	6	1
2	シクロペンタジエニルカチオン	4	—
3	ナフタレン	10	2
4	アズレン	10	2
5	[18] アヌレン	18	4

【正解】 **2**

【問】9

ある 2 価の酸 H_2X では一段目の電離は完全であるが，二段目の電離は不完全である。濃度 0.10 mol L^{-1} の水溶液中で，この二段目の電離度はある温度において 0.20 であった。このときの H_2X の二段目の電離定数は幾らか。次の中から正しいものを一つ選べ。ただし，各イオンの活量は，それぞれの物質量濃度（モル濃度）で近似できるものとする。

1　5.0×10^{-4} mol L^{-1}

2　5.0×10^{-3} mol L^{-1}

3　1.5×10^{-2} mol L^{-1}

4　2.0×10^{-2} mol L^{-1}

5　3.0×10^{-2} mol L^{-1}

【題意】　解離度と解離定数の関係を扱った計算問題である。

【解説】　二価の酸 H_2X はつぎのように二段階で解離する。ただし，α_1，α_2 は，それぞれの電離式の解離度を，K_1，K_2 は，それぞれの電離式の解離定数を示す。

$$H_2X \xrightleftharpoons{\alpha_1} HX^- + H^+,\quad K_1 = \frac{[HX^-][H^+]}{[H_2X]}$$

$$HX^- \xrightleftharpoons{\alpha_2} X^{2-} + H^+,\quad K_2 = \frac{[X^{2-}][H^+]}{[HX^-]}$$

$$= \frac{0.1\alpha_1\cdot\alpha_2\times(0.1\alpha_1 + 0.1\alpha_1\cdot\alpha_2)}{0.1\alpha_1\,(1-\alpha_2)}$$

$$= \frac{0.02 \times (0.1 + 0.02)}{0.08} = 0.03 \text{〔mol/L〕}$$

ここで，$\alpha_1 = 1.0$，$\alpha_2 = 0.2$ である。

正解　**5**

問 10

無機塩X（式量120）がある。60℃において36gのXを64gの水に完全に溶かし，この溶液を20℃まで冷却したところ，五水和物（$X \cdot 5H_2O$）が21g析出した。このとき，水溶液中のXの物質量濃度（モル濃度）は幾らか。次の中から最も近いものを一つ選べ。ただし，五水和物析出後の水溶液の密度は $1.0\ \mathrm{g\ mL^{-1}}$ で近似できるものとする。

1　$0.5\ \mathrm{mol\ L^{-1}}$

2　$1.5\ \mathrm{mol\ L^{-1}}$

3　$2.5\ \mathrm{mol\ L^{-1}}$

4　$3.5\ \mathrm{mol\ L^{-1}}$

5　$4.5\ \mathrm{mol\ L^{-1}}$

題意　水和結晶水の体積モル濃度を求める計算問題である。

解説　五水和結晶物が沈殿した後の水溶液 v〔mL〕の状態を次式で示す。沈殿物が生じる前後で，全体の質量，無機塩Xおよび水のモル数は変化しないので，次式が成立する。

$$m\mathrm{X} + n\mathrm{H_2O} \xrightarrow{20^\circ\mathrm{C}} a\mathrm{X \cdot 5H_2O} + (n - 5a)\mathrm{H_2O} + (m - a)\mathrm{X}$$

36 g　　64 g　　　　　　21 g　　Xの水溶液（密度1.0 g/mL）

$$36\ \mathrm{g} + 64\ \mathrm{g} = 21\ \mathrm{g} + v \times 1.0 \text{〔g/mL〕}$$

$$m = \frac{36}{120\ \mathrm{g/mol}},\quad n = \frac{64}{18\ \mathrm{g/mol}},\quad a = \frac{21}{120 + 5 \cdot 18}$$

$$(n - 5a) \times 18 + (m - a) \times 120 = v \times 1.0$$

$$\therefore\ \frac{(m - a)\ \text{〔mol〕}}{v\text{〔mL〕}} = \frac{0.2}{79} = 2.5 \times 10^{-3}\text{〔mol/mL〕} = 2.5\text{〔mol/L〕}$$

正解　**3**

問 11

互いによく混ざり合う分子液体Aと分子液体Bがある。AとBの分子量はそれぞれ40と80で，25℃におけるAの密度は0.80 g mL^{-1}である。いま25℃でAをBに加えて，Aの物質量分率（モル分率）が0.20の溶液Cを調製した。Cの体積を基準としたAの体積百分率（vol%）は幾らか。次の中から最も近いものを一つ選べ。ただし，25℃におけるCの密度は1.0 g mL^{-1}である。

1　10 vol%

2　12 vol%

3　14 vol%

4　16 vol%

5　18 vol%

題意　混合後の体積変化を伴う混合溶液の体積百分率を求める計算問題である。

解説　設問に与えられた数値を基にして，混合する前の液体Aおよび液体Bの体積をそれぞれa〔mL〕およびb〔mL〕とし，密度をそれぞれ0.8 g/mLおよびρ〔g/mL〕とし，混合後の溶液Cの体積をv〔mL〕，密度を1.0 g/mLとする。AとBのモル比の関係，混合の前後で質量の変化はないので，次式が成立する。

$$\frac{0.8\,[\mathrm{g/mL}]\times a\,[\mathrm{mL}]}{40\,[\mathrm{g/mol}]} : \frac{\rho\,[\mathrm{g/mL}]\times b\,[\mathrm{mL}]}{80\,[\mathrm{g/mol}]} = 0.2 : 0.8$$

$$0.8a+\rho b = 1.0\,[\mathrm{g/mL}]\times v\,[\mathrm{mL}]$$

$$\therefore\quad \rho b = v-0.8a$$

$$\frac{v-0.8a}{80}\times 0.2 = \frac{0.8a}{40}\times 0.8$$

$$\frac{a\,[\mathrm{mL}]}{v\,[\mathrm{mL}]} = \frac{1}{7.2} = 0.139 = 14\,[\mathrm{vol\%}]$$

正解　**3**

問 12

(a)～(c) の化合物について

①　全ての原子が同一平面上にあるもの

②　π電子共役系をもつもの

の正しい組合せを**1**～**5**の中から一つ選べ。

(a) $CH_2=CH_2$　　(b) $CH_2=C=CH_2$　　(c) $CH_3-CH=CH-CH=O$

	①	②
1	(a)	(b)
2	(a)	(c)
3	(a) と (b)	(b) と (c)
4	(b)	(b)
5	(b)	(c)

題意　有機化合物の構造について基礎知識を問う。

解説　共役は，間に存在するσ結合（例えば，C−C結合）を越えたp軌道どうしの重なり合いである。共役系は，間の単結合により橋渡しされた，p軌道が重なり合った領域である。共役系によって，すべての隣接し整列したp軌道に渡ってπ電子が非局在化している。π電子は，単一の結合あるいは原子ではなく，原子のグループに属している。共役系は一般的に，分子全体のエネルギーを低下させ，安定性を高める。非共有電子対やラジカル，カルベニウムイオンなども共役系の一部となる。

化合物の形態は環状，非環状，線状あるいはこれらの混合物であり，ベンゼン，イソプレン，ピペリレン（1,3-ペンタジエン），フラン，シンナムアルデヒドなどが挙げられる。

ブタジエンのようなジエンは，共役系を示す代表例であり，二重結合の位置と置換基により大きく四つに分類される。① 二つの二重結合の間が二つ以上の単結合で隔てられた非共役ジエン，② 二つの二重結合の間が一つの単結合で隔てられた共役ジエン，③ 二つの二重結合が連続（隣接）する集積二重結合，④ 一つ以上の不飽和炭素原子がヘテロ原子に置換したヘテロジエンである。この中で，共役ジエンは，共役系と呼ばれる化合物の一種で，アルケンとは異なる特性を示し，有機化学では共役ジエンは機能的な官能基として扱われる。例えば，イソプレンのような共役ジエンは一つの単結合によって二重結合が隔てられ，共役したジエンである。これに対して，非共役ジエンは二つ以上の単結合によって二重結合どうしが隔てられたジエンであり，孤立ジエンともいう。隣接したジエンは，同じ原子が二重結合を共有した構造で，アレンのような化合物である。

設問の化合物（a）のエチレンは，すべての原子が同一平面上にあるが，二重結合が一つしかないので，共役系とは無関係である。設問の化合物（b）のプロパン-1,2-ジエンは，上記で説明したように，最も単純なアレンであり，非共役ジエンでもある（**図1**参照）。したがって，設問②に記載されている列に化合物（b）が含まれている選択肢は，誤りである（選択肢**1**，**3**および**4**は誤りである）。

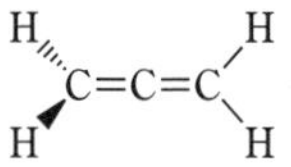

図1　プロパン-1,2-ジエンの化学構造

（b）プロパン-1,2-ジエンは，図1に示すように，両末端の水素原子は同一平面になく直行している。よって，設問①に記載されている列に化合物（b）が含まれている選択肢は，誤りである（選択肢**3**，**4**および**5**は誤りである）。

設問の化合物（c）クロトンアルデヒドは，不飽和アルデヒドの一種であり，**図2**に示すように，シス型とトランス型の2種類がある。メチル基があることから分かるようにすべての原子は同一平面にない。また，これらの図から分かるように，一つのC−C結合によって二重結合（C=CとC=O）が隔てられ，共役したヘテロジエンでもある。したがって，選択肢**2**の組合せが正しい。

（a）シス型　　（b）トランス型

図2　クロトンアルデヒドのシス型とトランス型の化学構造

正解　**2**

問 13

以下に示す光学活性化合物とナトリウムエトキシドのS_N2反応の生成物として，（a）または（b）が得られた。①出発原料である光学活性化合物の立体配置の*RS*表示，②生成物の正しい組合せを**1**～**5**の中から一つ選べ。

	①	②
1	*R*	（a）

	①	②
2	*R*	(b)
3	*S*	(a)
4	*S*	(b)
5	*S*	(a) と (b) の等量混合物

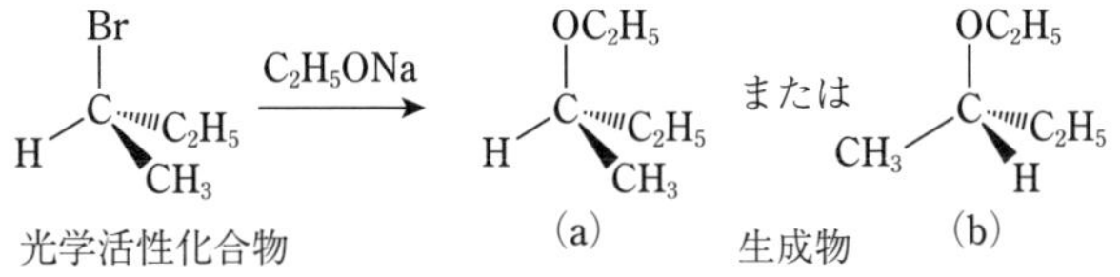

題 意　光学異性体の *RS* 表示について基礎知識を問う。

解 説　光学活性物質である 2-ブロモブタン（基質）にナトリウムエトキシド（求核剤）を S_N2 求核置換反応させるとワルデン反転が起きるため，立体配置が反転した置換体が生じる。設問の始発化合物は**図 1** に示すように，(*R*) 2-ブロモブタン（1 臭素；Br → 2 エチル基；C_2 → 3 メチル基；C の原子番号の順に右回り）であり，生成した置換体は光学活性物質である (*S*) 2-エトキシブタン（1 エトキシ基；O → 2 エチル基；C_2 → 3 メチル基；C の原子番号の順に左回り）を生成する。よって，選択肢 **2** が該当する。

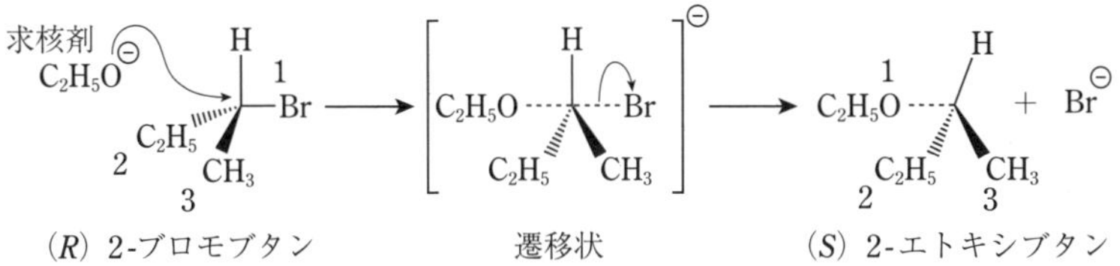

図 1　2-ブロモブタンの S_N2 求核置換反応

正 解　**2**

問 14

有機化合物の反応に関する次の記述の中から，誤っているものを一つ選べ。ただし，参考として付記した反応式は反応に関与する主な化合物のみが示されており，必ずしも化学量論式ではない。

1　ベンゼンに臭化マグネシウムを加えて加熱すると，臭化フェニルマグネシウムが生成する。

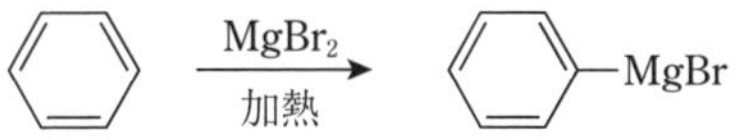

2　ベンゼンに濃硫酸‐濃硝酸混合物を加えて加熱すると，ニトロベンゼンが生成する。

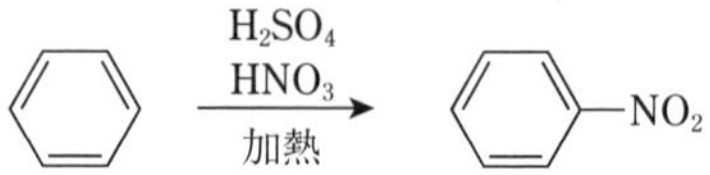

3　炭化カルシウムに水を加えると，アセチレンが生成する。

$$CaC_2 \xrightarrow{H_2O} CH\equiv CH$$

4　酸触媒存在下，アセトンにエチレングリコールを加えて加熱すると，アセタールが生成する。

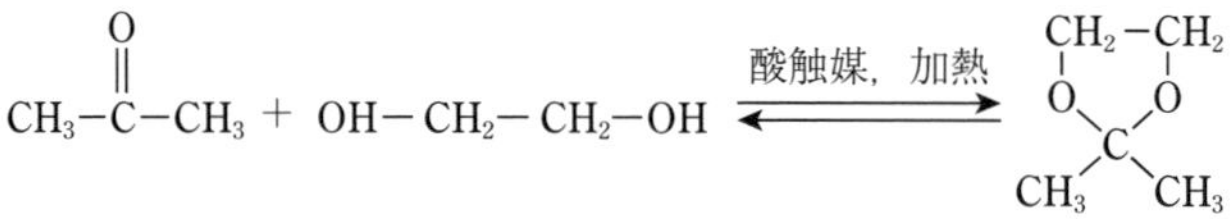

5　2-ブタノールに酸化クロム（Ⅵ）と希硫酸の混合物を氷冷下で加えると，2-ブタノンが生成する。

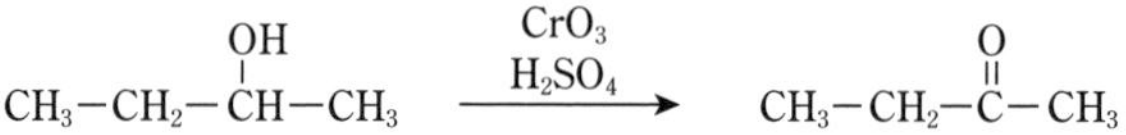

【題 意】 基本的な有機化合物の反応について問う。

【解 説】 臭化フェニルマグネシウムは，グリニャール試薬の一種である。ブロモベンゼンにエーテル中，金属マグネシウムを作用させてグリニャール反応により得られる。空気中では不安定で，エーテル系溶媒に可溶である。有機化合物にフェニル基を導入する試薬として，実験室ばかりでなく工業的にも重要である（選択肢 **1** は誤り）。

ベンゼンを濃硫酸・濃硝酸の混合物で処理するとニトロベンゼンが生成する。この反応をニトロ化という（選択肢 **2** は正しい）。

アセチレンは，工業的においても炭化カルシウム（カーバイド）に水を加えて生成する（選択肢 **3** は正しい）。

酸触媒存在下，カルボニル化合物とエチレングリコールで処理した場合に得られる五員環アセタールは，1,3-ジオキソランと呼ばれ，カルボニル基の保護に広く使用されている（選択肢 **4** は正しい）。一般に，環状アセタールは，鎖状アセタールに比べて加水分解されにくい。

CrO_3 を希硫酸に溶かし，水-アセトン溶液中で行う酸化をジェーンズ酸化という。この酸化は第二級アルコールからケトンへの酸化に適しており，分子内に二重結合や三重結合が存在してもそれらとは反応しない特徴をもつ（選択肢 **5** は正しい）。

正 解　**1**

問 15

塩化リチウムの結晶から気体のリチウムイオンと気体の塩化物イオンが生成する反応

$$LiCl(s) \rightarrow Li^+(g) + Cl^-(g)$$

のエンタルピー変化（格子エンタルピー）は幾らか。**1** ～ **5** の中から最も近いものを一つ選べ。ただし，ボルン・ハーバーサイクルの各ステップにおけるエンタルピー変化 ΔH は下表に示すとおりとする。

ステップ	反応式	ΔH〔kJ mol^{-1}〕
LiCl(s) の生成	$Li(s) + 1/2Cl_2(g) \rightarrow LiCl(s)$	−404
Li(s) の昇華	$Li(s) \rightarrow Li(g)$	158
Cl_2(g) の解離	$Cl_2(g) \rightarrow 2Cl(g)$	240
Li(g) の電子放出	$Li(g) \rightarrow Li^+(g) + e^-$	519
Cl(g) の電子付加	$Cl(g) + e^- \rightarrow Cl^-(g)$	−349

1　164 kJ mol^{-1}

2　344 kJ mol^{-1}

3　742 kJ mol^{-1}

4　852 kJ mol^{-1}

5　972 kJ mol^{-1}

題 意　ボルン・ハーバーサイクルとヘスの法則を扱った計算問題である。

解 説　ボルン・ハーバーサイクル（Born-Haber cyclic process）は，イオン結晶の格子エネルギーを実験的に求める手段として，ボルンとハーバーがそれぞれ独立に提出した循環過程（サイクル）である。ここで，格子エネルギー（格子エンタルピー）

というのは，結晶をその構成要素である原子（またはイオン，分子）に分けてばらばらにするのに必要なエネルギーでる。イオン結晶の格子エネルギーは，その生成エンタルピーにヘスの法則を当てはめて間接的に求めることができる。

設問に挙げられているボルン・ハーバーサイクルの各ステップのエンタルピー変化を加減乗除して，つぎのようにして，塩化リチウム結晶の格子エネルギーを求める。

$\mathrm{Li\,(s)} + \frac{1}{2}\mathrm{Cl_2\,(g)} \rightarrow \mathrm{LiCl\,(s)}$　(1)　$\Delta H = -404\ \mathrm{kJ/mol}$

$\mathrm{Li(s)} \rightarrow \mathrm{Li(g)}$　(2)　$\Delta H = 158\ \mathrm{kJ/mol}$

$\mathrm{Cl_2(g)} \rightarrow \mathrm{2Cl(g)}$　(3)　$\Delta H = 240\ \mathrm{kJ/mol}$

$\mathrm{Li(g)} \rightarrow \mathrm{Li(g)} + e^-$　(4)　$\Delta H = 519\ \mathrm{kJ/mol}$

$\mathrm{Cl(g)} + e^- \rightarrow \mathrm{Cl^-\,(g)}$　(5)　$\Delta H = 349\ \mathrm{kJ/mol}$

式(3) ＋ 式(5) $\times 2 +$ (式(2) ＋ 式(4) － 式(1)) $\times 2$

$\mathrm{2LiCl(s)} \rightarrow \mathrm{2Cl^-\,(g)} + \mathrm{2Li(g)}$　(6)　$\Delta H = 1\,704\ \mathrm{kJ}$

1モル当りに換算すると

$\Delta H = 852\ \mathrm{kJ/mol}$

正解　**4**

問 16

体積一定の密閉容器内で次の発熱反応が平衡状態にある。

$$\mathrm{3A(g)} + \mathrm{B(g)} \rightleftarrows \mathrm{2C(g)}$$

この状態に（ア）～（エ）の変化を加えたとき，上式の平衡混合物組成および平衡定数のいずれにも影響を与えないものはどれか。**1**～**5**の中から正しいものを一つ選べ。

（ア）気体のAを追加する。

（イ）温度を上昇させる。

（ウ）体積が無視できる少量の触媒を加える。

（エ）温度一定の条件下で，A，B，Cのいずれとも反応しない不活性ガスを注入する。

1　（ア）と（ウ）

2　（ア）と（エ）

3　（イ）と（ウ）

4　（イ）と（エ）

5　（ウ）と（エ）

【題 意】　濃度平衡定数およびルシャトリエの原理について基礎知識を問う。

【解 説】　ルシャトリエの原理とは，平衡状態にある反応系において，状態変数（温度，圧力（全圧），反応に関与する物質の分圧や濃度）を変化させると，その変化を相殺する方向（妨げる方向）へ平衡は移動する。すなわち，反応温度を上げた場合，平衡は反応熱を吸収して反応温度を下げる方向へ移動する。反応温度を下げた場合，平衡は反応熱を発生させて反応温度を上げる方向へ移動する。また反応に関与している物質の濃度を上げた場合，平衡はその物質を消費して濃度を下げる方向へ移動する。反応に関与している物質の濃度を下げた場合，平衡はその物質を生成して濃度を上げる方向へ移動する。反応の平衡定数は触媒の有無で変化しない。また，触媒の添加量は，生成物の生成量に影響しない。

設問の平衡反応の濃度平衡定数 K_C および圧力平衡定数 K_P を求めると次式のようになる。

$$K_C=\frac{m^2}{\left(a-\frac{3}{2}m\right)^3\left(b-\frac{1}{2}m\right)}$$

$$K_P=\frac{\left(p\frac{m}{a+b-m}\right)^3}{\left(p\frac{a-\frac{3}{2}m}{a+b-m}\right)^3\left(p\frac{b-\frac{1}{2}m}{a+b-m}\right)}$$

ここで，a，b は，それぞれ成分A，成分Bの初濃度〔mol/L〕であり，m は生成した成分Cの濃度〔mol/L〕，p は全圧である。

この状態に不活性ガスを n モル添加したとすると，密閉容器内の反応であるので，絶対モル数に変化はないため添加後の濃度平衡定数 K_C は影響しない。つぎに，添加後の圧力平衡定数 K_P を求めると次式のようになる。ここで，K_{C1}，K_{C2} は，それぞれ不活性ガス添加前後の濃度平衡定数を，K_{P1}，K_{P2} は，それぞれ不活性ガス添加前後の圧力平衡定数を示す。また，全圧は全モル数に比例するので次式が成立し，不活性ガスを添加した場合，成分 A および成分 B の分圧に影響はない。

$$K_{C2}=\frac{m^2}{\left(a-\frac{3}{2}m\right)^3\left(b-\frac{1}{2}m\right)}=K_{C1}$$

$$K_{P1}=\frac{\left(p_1\frac{m}{a+b-m}\right)^2}{\left(p_1\frac{a-\frac{3}{2}m}{a+b-m}\right)^3\left(p_1\frac{b-\frac{1}{2}m}{a+b-m}\right)}=\frac{(km)^2}{\left(k\cdot a-\frac{3}{2}m\right)^3\left(k\cdot b-\frac{1}{2}m\right)}$$

$$K_{P2}=\frac{\left(p_2\frac{m}{a+b-m+n}\right)^2}{\left(p_2\frac{a-\frac{3}{2}m}{a+b-m+n}\right)^3\left(p_2\frac{b-\frac{1}{2}m}{a+b-m+n}\right)}$$

$$=\frac{(km)^2}{\left(k\cdot a-\frac{3}{2}m\right)^3\left(k\cdot b-\frac{1}{2}m\right)}=K_{P1}$$

ここで，$\frac{p_1}{a+b-m}=\frac{p_2}{a+b-m+n}=k$ である。

よって，不活性ガスを添加しても濃度平衡定数および圧力平衡定数に影響しない。

なお，成分 A を添加する場合や温度を上昇させる場合は，ルシャトリエの原理からいずれも平衡定数に影響する。よって，平衡混合組成および平衡定数に影響を与えないのは設問（ウ）および（エ）の場合になり，選択肢 **5** が該当する。

【正解】 **5**

問 17

塩化ナトリウム，金などの結晶構造は立方晶系に属する。この立方晶系の格子定数を a とすると，(110) 面の面間隔は a の何倍になるか。次の中から正しいものを一つ選べ。

1　$\frac{\sqrt{2}-1}{2}$ 倍

2　$\frac{1}{\sqrt{2}+1}$ 倍

3　$\frac{1}{2}$倍

4　$\frac{1}{\sqrt{2}}$倍

5　$\sqrt{2}$倍

題 意　立方晶系の単位格子について基礎知識を問う。

解 説　空間格子の各格子点を含む平面を格子面という。格子面は，等間隔で平行である。これらの面が三つの軸 x，y および z の単位格子を切るとき，平行な面の中で最も原点に近い面が三つの軸を切る長さをそれぞれ $\frac{x}{h}$，$\frac{y}{k}$，$\frac{z}{l}$ とすると，h，k および l は整数となる。これをミラー（Miller）指数という。一つの軸に平行なときはこの値は 0 になる。**図 1** の中で，小さな三角形の面が（122），大きな三角形が（111），単位格子の前面が（100），右側面が（010），z 軸に平行で対角線で切った面が（110）を示す。

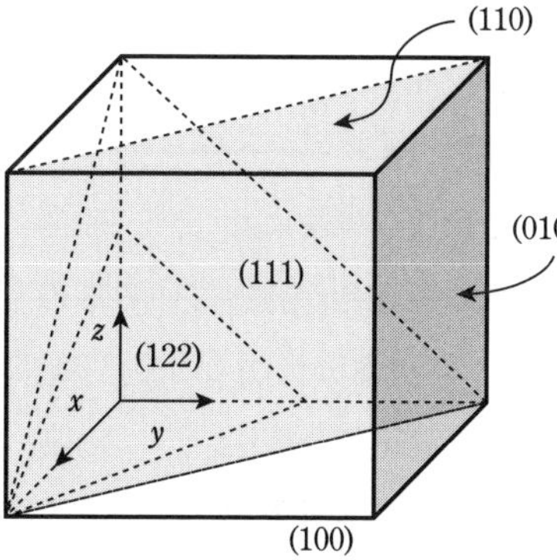

図 1　格子面とミラー指数の関係

塩化ナトリウム NaCl は，無色立方晶系結晶，食塩型構造，格子定数 a = 5.628 Å である（**図 2** 参照）。Na^+ と Cl^- とが面心立方格子をつくり，各イオンには，他の種類のイオンが 6 個正八面体型に配位している。単位格子内に含まれる Na^+ の数は，中心の 1 個と稜の 12 個は 1/4 が格子に含まれるので $1 + (1/4) \times 12 = 4$，Cl^- の数は面内の 6 個は 1/2，頂点の 8 個は 1/8 が格子に含まれるので $(1/2) \times 6 + (1/8) \times 8 = 4$ となり，化学量論比は 1：1 である。Na - Cl の原子間距離は 281 pm で，格子単位の一辺の長さ l は，その 2 倍の 562 pm である。（110）面は，図に示したように，一辺の長さ a の正方形の対角線$(\sqrt{2} \cdot a)$を通り z 軸に平行な面である。その面間隔は，対角線の半分に相当するから

$$\frac{\sqrt{2}}{2} \cdot a$$

となり，選択肢 **4** が該当する。

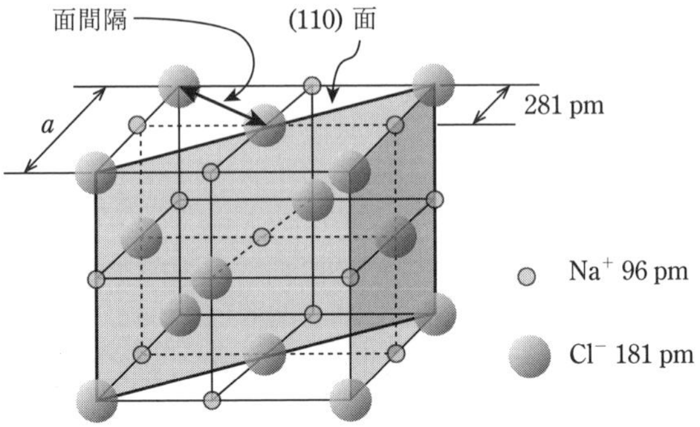

図 2　NaCl の結晶構造

正 解　**4**

問 18

次の機器分析法に関し，一般的に使用する電磁波とその電磁波が相互作用する対象の組合せが誤っているものを一つ選べ。

	機器分析法	電磁波	相互作用する対象
1	X 線回折分析法	X 線	電子
2	原子吸光分析法	紫外線	外殻電子
3	赤外分光分析法	赤外線	陽子
4	電子スピン共鳴法	マイクロ波	磁場中の不対電子
5	核磁気共鳴法	ラジオ波	磁場中の原子核

題 意　電磁波スペクトルおよびそれらを用いた分析方法について基礎知識を問う。

解 説　電磁波スペクトルおよびそれらを用いた分析方法を**表**に示す。

この表からわかるように，赤外線を用いた赤外分光分析の相互作用する対象は，分子振動であるから，選択肢 **3** は誤りである。

正 解　**3**

表　電磁波の波長，相互作用の対象，分析方法の関係

波長 log λ〔m〕	電磁波領域	相互作用対象	分析方法
−11 −13	γ線	内殻電子	ガンマ線スペクトロメトリー Nal（Tl）シンチレーション
1 Å 1 mm −9	X線	内殻電子 電子散乱	蛍光X線分析，X線回折分析 X線吸収分析，電子線回折
−7	紫外線	外殻電子	原子吸光分析，炎光光度分析， 発光分光分析紫外・可視吸収分析， 蛍光分析，旋光分散法， 円偏光二色性法
1 μm	可視光線	分子軌道 電子	
−5	赤外線	分子振動	赤外吸収分析， ラマン（Raman）分析
1 mm −3 −1	マイクロ波	分子回転 不対電子 電子スピン	マイクロ波吸収 常磁性共鳴吸収法
1 m 1 3	ラジオ波	原子核 核磁気	超音波吸収 核磁気共鳴吸収法 高周波滴定

問 19

熱力学に関する次の記述の中から，正しいものを一つ選べ。

1　エンタルピーを H，エントロピーを S とするとき，ギブズエネルギー G は $G=H-S$ と定義される。

2　水が沸点において蒸発するとき，液体の水から気体の水への変化によりギブズエネルギーは減少する。

3　エンタルピーとエントロピーの単位は J（ジュール）で表される。

4　絶対零度において，完全結晶のエントロピーは 0 である。

5　二つの状態の間のエンタルピーの変化は，経路によって異なる。

題意　熱力学に関する基礎知識を問う。

解説　ギブズ自由エネルギーは，熱力学や電気化学などで用いられる，等温等圧条件下で非膨張の仕事として取り出し可能なエネルギーを表す示量性状態量である。等温等圧条件下ではギブズ自由エネルギーは自発的に減少しようとする。G の変化が負であれば化学反応は自発的に起こる。さらに，ギブズエネルギーが極小の一定値を取ることは系が平衡状態にあることに等しい。エンタルピー H，熱力学温度 T，エン

トロピー S として，ギブズエネルギー G は

$$G = H - TS \tag{1}$$

で定義される（選択肢 **1** は誤り。）。

水の沸騰現象は，沸点では，気-液平衡状態なので，水がなくなるまで，温度変化はない。等温・等圧の下で，相（化学）平衡が成り立っているときには，ギブスの自由エネルギーは相（化学種）の割合がどのように変化しても変化しない（選択肢 **2** は誤り）。

エンタルピーはエネルギーの次元 (J) をもち，物質の発熱・吸熱挙動にかかわる状態量であり，熱力学において，対象とする系（おもに平衡状態の物質や場）の状態で一意的に決まる物質量である。状態量は，履歴や経路には依存しない。状態量には，示量性の状態量と示強性の状態量に分けられる。示量性の状態量の例は，物質量，質量，体積，モル数，化学ポテンシャル，内部エネルギー，エンタルピー，エントロピーなどである。示強性の状態量の例は，温度や圧力などが挙げられる。エントロピーはエネルギーを温度で割った次元をもち，SI における単位はジュール毎ケルビン (J/K) である（選択肢 **3** および **5** は誤り）。

熱力学第 3 法則より絶対零度における完全結晶のエントロピーはゼロである（選択肢 **4** は正しい）。

【正 解】 4

問 20

1.1 cm^3 のドライアイスが完全に昇華したとき，0℃，1 atm での体積に最も近いものを，次の中から一つ選べ。ただし，二酸化炭素の分子量は 44，ドライアイスの密度は 1.6 g cm^{-3} とする。

1　450 cm^3

2　600 cm^3

3　750 cm^3

4　900 cm^3

5　1 100 cm^3

【題意】 気体の状態方程式に関する計算問題である。

【解説】 理想気体は圧力 P，体積 V，絶対温度 T において，次式の気体の状態方程式 (1) を満たす。

$$PV = nRT \qquad (1)$$

ここで，n は気体のモル数，R は気体定数（0.082 1 L・atm・K^{-1}・mol^{-1}，8.314 J・K^{-1}・mol^{-1}）である。

設問のドライアイスの体積と密度からモル数を求め，式 (1) に当てはめて気体の体積をつぎのように算出する。

$$V = \frac{nRT}{P} = \frac{\dfrac{1.1\,[\mathrm{cm^3}] \times 1.6\,[\mathrm{g \cdot cm^{-3}}]}{44\,[\mathrm{g \cdot mol^{-1}}]} \times 0.082 \times 273}{1}$$

$$= 0.895\,[\mathrm{L}] \cong 900\,[\mathrm{cm^3}]$$

【正解】 **4**

問 21

六方最密構造をとる金属結晶の単位格子中には何個の原子が含まれるか。次の中から正しいものを一つ選べ。

1　2 個

2　3 個

3　4 個

4　6 個

5　12 個

【題意】 六方最密充てんの構造の単位格子に含まれる粒子の数を問う。

【解説】 六方最密充てんの構造は，同じ大きさの粒子を最も密に積み重ねた構造の一つで六方晶系に属する（**図**参照）。一辺 a の正六角形，高さ c の六角柱に含まれる粒子の数は

$$\frac{1}{6}\,(\text{割球}) \times 6\,(\text{頂点}) \times 2\,(\text{上下面})$$

$$+ 3(\text{内部}) + \frac{1}{2}\,(\text{割球}) \times 2(\text{上下面}) = 6\,[\text{個}]$$

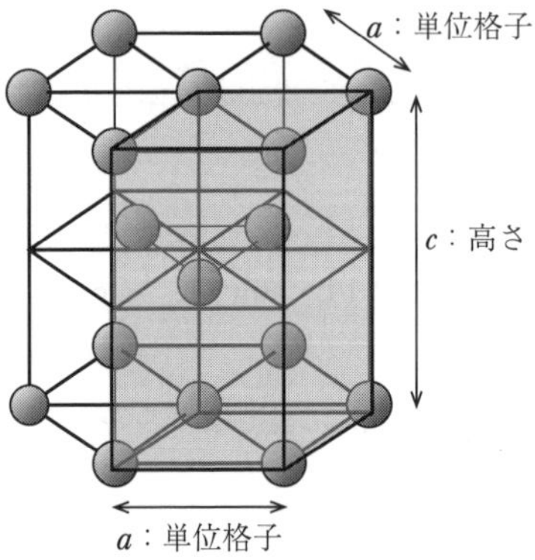

図　六方最密充てんの構造

であり，単位格子はその 1/3 の立体であるから，単位格子に含まれる粒子数は

$$6〔個〕\times \frac{1}{3} = 2〔個〕$$

である。

正解　**1**

問 22

半減期 12 年の放射性同位体が放射性崩壊により 1/20 の量に減少するまでの時間として，次の中から最も近いものを一つ選べ。なお，$\log_{10} 2$ は 0.30 とする。

1　19 年

2　23 年

3　40 年

4　52 年

5　80 年

題意　放射性原子の壊変に関する計算問題である。

解説　放射性原子核の壊変は式（1）に示すように 1 次反応で表される。

$$\ln \frac{N}{N_0} = -\lambda t \qquad (1)$$

ここで，N_0：時刻 0 における放射性原子の数，N：時刻 t に存在している放射性原子の数，λ：壊変定数である。

放射性原子数が初めの半分になるまでの時間を半減期と呼び，T で表す。半減期 T は式（2）で表される。

$$T = \frac{\ln 2}{\lambda} \qquad (2)$$

式 (1) および式 (2) に設問の半減期 $T=12$ 年および $N/N_0=1/20$ を代入し，λ を消去する。

$$\ln\frac{1}{20}=-\frac{\ln 2}{12}t$$

設問で与えられている log 2 の値を利用するために対数の底の変換をすると

$$\frac{\log\frac{1}{20}}{\log e}=-\frac{\frac{\log 2}{\log e}}{12}t \qquad \therefore\ \log\frac{1}{20}=-\frac{\log 2}{12}t$$

となる。したがって

$$t=12\times\frac{\log 10+\log 2}{\ln 2}=12\times\frac{1+0.3}{0.3}=52\ 〔年〕$$

正解　4

問 23

三つのハロゲン (Cl，Br，I) に関する（ア）～（オ）の記述の中で，正しいものは幾つあるか。その数を **1** ～ **5** の中から一つ選べ。

（ア）原子半径は，原子番号が大きいほど大きい。

（イ）単体はいずれも二原子分子であり，常温・常圧では塩素は気体，臭素は液体，よう素は固体である。

（ウ）単体の融点は，原子番号が大きいほど高い。

（エ）単体は全て有色である。

（オ）単体の酸化力は，原子番号が小さいほど強い。

1　1

2　2

3　3

4　4

5　5

題意　ハロゲンの原子および分子の性質について問う。

解説　原子半径は，一般に①同じ周期では，原子番号が大きくなれば（右に行くほど）小さくなる。これは陽子の数が増えることで，より電子を内側に引き付けるので，原子半径は小さくなる。②同じ族（縦の列）ならば，原子番号が大きくなれば（下に行くほど）大きくなる。これは電子殻が増えることにより，電子が増えれば原子の大きさが大きくなるからである（（ア）は正しい）。

単体はいずれも二原子分子であり，原子二つで一つの分子を形成している。分子の色と状態は，それぞれ F_2 は淡黄色で気体，Cl_2 は黄緑色で気体，Br_2 は赤褐色で液体，I_2 は黒紫色で固体である。また，ハロゲンは原子番号の大きいものほど沸点・融点が高く，反応性は小さくなる（（イ），（ウ）および（エ）は正しい）。

ハロゲンの単体は他の原子から電子をうばう力が大きいため，酸化力が強い。ハロゲンの酸化力の強さは原子番号が小さいほど大きくなる。つまり酸化力の強さの順は，$F_2 > Cl_2 > Br_2 > I_2$ である（（オ）は正しい）。

したがって，設問の記載内容はすべて正しいから選択肢 **5** が該当する。

【正解】 **5**

問 24

ベンゼンの3置換体であるジクロロフェノールには，位置異性体が幾つ存在するか。次の中から正しいものを一つ選べ。

1　4

2　6

3　9

4　10

5　14

【題意】　三置換ベンゼンの異性体の種類について問う。

【解説】　三置換ベンゼンの異性体は大きく三つのパターンがある。①同じ三つの置換基（X）がついた場合，②同じ二つの置換基（X）に，もう一つ別の置換基（Y）がついた場合，③異なる三つの置換基（X，Y および Z）がついた場合，であり，それぞれを**図**に示す。本問題は，置換基 X が塩素で，置換基 Y が水酸基の場合であり，パターン②に該当するので，全部で六つの異性体が存在する。

① $C_6H_3X_3$ の異性体

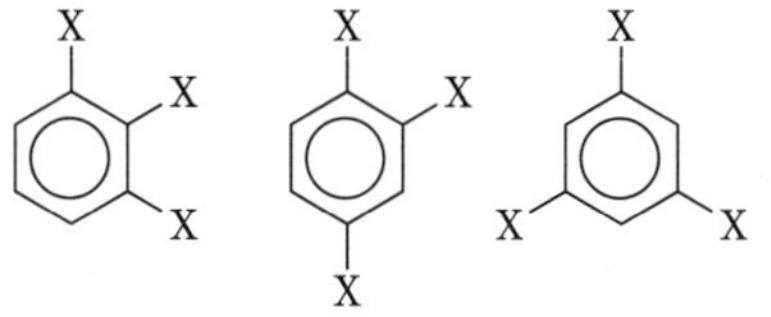

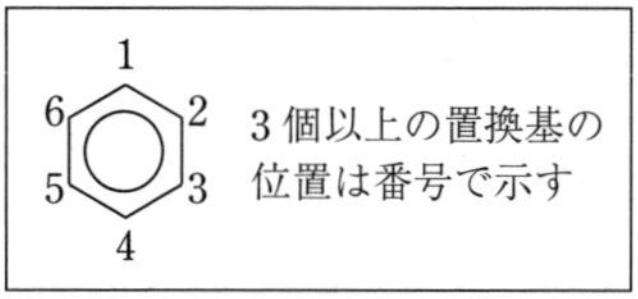

② $C_6H_3X_2Y$ の異性体

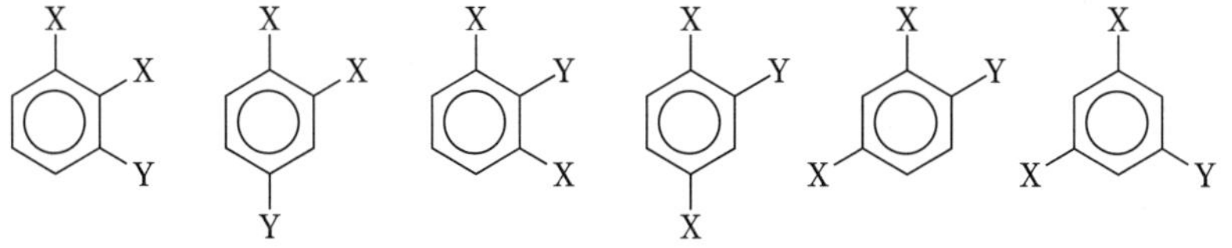

③ C_6H_3XYZ の異性体

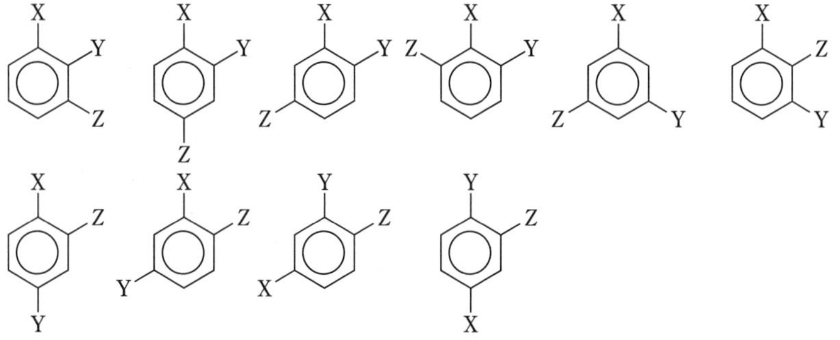

図　三置換ベンゼンの異性体の種類

【正解】 **2**

問 25

物理量とその単位記号の例を示す次の組合せの中から，誤っているものを一つ選べ。

	物理量	単位記号の例
1	圧力	$kg\ cm^{-2}$
2	波数	m^{-1}
3	質量濃度	$g\ dm^{-3}$

4　電気量　　　As

5　モル質量　　$g\ mol^{-1}$

〔題 意〕 SI 組立単位について，基礎知識を問う。

〔解 説〕 SI 組立単位とは，国際単位系（SI）の基本単位と接頭語を組合せて，掛け算や割り算をして作ることのできる単位をいう。その中に，よく使われるいくつかには，固有の名前と記号が与えられている。本問の選択肢 **1** の圧力は，固有名称としてパスカル〔Pa〕が与えられ，SI 基本単位および SI 単位による表記はそれぞれ $kg \cdot m^{-1} \cdot s^{-2}$，$N \cdot m^{-2}$ である。したがって，選択肢 **1** 以外は正しい。

〔正 解〕 **1**

1.2　第69回（平成30年12月実施）

問 1

環境基本法第2条（定義）の記述の（ア）～（ウ）に入る語句の組合せとして，正しいものを一つ選べ。

第2条　この法律において「環境への負荷」とは，［(ア)］により環境に加えられる影響であって，環境の保全上の支障の原因となるおそれのあるものをいう。

2　この法律において「地球環境保全」とは，［(イ)］による地球全体の温暖化又はオゾン層の破壊の進行，海洋の汚染，野生生物の種の減少その他の地球の全体又はその広範な部分の環境に影響を及ぼす事態に係る環境の保全であって，人類の福祉に貢献するとともに国民の健康で文化的な生活の確保に寄与するものをいう。

3　この法律において「公害」とは，環境の保全上の支障のうち，［(ウ)］に伴って生ずる相当範囲にわたる大気の汚染，水質の汚濁（水質以外の水の状態又は水底の底質が悪化することを含む。第21条第1項第1号において同じ。），土壌の汚染，騒音，振動，地盤の沈下（鉱物の掘採のための土地の掘削によるものを除く。以下同じ。）及び悪臭によって，人の健康又は生活環境（人の生活に密接な関係のある財産並びに人の生活に密接な関係のある動植物及びその生育環境を含む。以下同じ。）に係る被害が生ずることをいう。

	（ア）	（イ）	（ウ）
1	人の活動	人の活動	事業活動その他の人の活動
2	人の活動	人の活動	人の活動
3	人の活動	事業活動その他の人の活動	人の活動
4	事業活動その他の人の活動	人の活動	事業活動その他の人の活動

5	事業活動その他の人の活動	事業活動その他の人の活動	人の活動

【題 意】 環境基本法第 2 条の定義の内容について問う。

【解 説】 環境基本法第 2 条（定義）に

第二条　この法律において「環境への負荷」とは，人の活動(ア)により環境に加えられる影響であって，環境の保全上の支障の原因となるおそれのあるものをいう。

2　この法律において「地球環境保全」とは，人の活動(イ)による地球全体の温暖化又はオゾン層の破壊の進行，海洋の汚染，野生生物の種の減少その他の地球の全体又はその広範な部分の環境に影響を及ぼす事態に係る環境の保全であって，人類の福祉に貢献するとともに国民の健康で文化的な生活の確保に寄与するものをいう。

3　この法律において「公害」とは，環境の保全上の支障のうち，事業活動その他の人の活動(ウ)に伴って生ずる相当範囲にわたる大気の汚染，水質の汚濁（水質以外の水の状態又は水底の底質が悪化することを含む。第二十一条第一項第一号において同じ。），土壌の汚染，騒音，振動，地盤の沈下（鉱物の掘採のための土地の掘削によるものを除く。以下同じ。）及び悪臭によって，人の健康又は生活環境（人の生活に密接な関係のある財産並びに人の生活に密接な関係のある動植物及びその生育環境を含む。以下同じ。）に係る被害が生ずることをいう。

と記載されている。よって，選択肢 **1** が正しい組合せである。

【正 解】 **1**

問 2

大気汚染防止法第 2 条（定義等）に規定する「ばい煙」に該当しない物質を次の中から一つ選べ。

1　燃料その他の物の燃焼に伴い発生するいおう酸化物

2　物の燃焼，合成，分解その他の処理（機械的処理を除く。）に伴い発生するメタン

3　物の燃焼，合成，分解その他の処理（機械的処理を除く。）に伴い発生す

る弗化水素

4　物の燃焼，合成，分解その他の処理（機械的処理を除く。）に伴い発生する鉛

5　物の燃焼，合成，分解その他の処理（機械的処理を除く。）に伴い発生するカドミウム

【題 意】　大気汚染防止法第2条に規定されている「ばい煙」の種類を問う。

【解 説】　大気汚染防止法第2条第1項に

第二条　この法律において「ばい煙」とは，次の各号に掲げる物質をいう。

一　燃料その他の物の燃焼に伴い発生するいおう酸化物

二　燃料その他の物の燃焼又は熱源としての電気の使用に伴い発生するばいじん

三　物の燃焼，合成，分解その他の処理（機械的処理を除く。）に伴い発生する物質のうち，カドミウム，塩素，弗（ふっ）化水素，鉛その他の人の健康又は生活環境に係る被害を生ずるおそれがある物質（第一号に掲げるものを除く。）で政令で定めるもの

と記載され，メタンは含まれていない。よって，ばい煙に該当しない物質は，選択肢**2**が該当する。

【正 解】　**2**

問 **3**

以下の（ア）～（オ）の記述のうち，大気汚染防止法第1条の目的として規定されている事項として，正しいものがいくつあるか，次の**1**～**5**の中から一つ選べ。

（ア）工場及び事業場における事業活動並びに建築物等の解体等に伴うばい煙，揮発性有機化合物及び粉じんの排出等の規制。

（イ）水銀に関する水俣条約の的確かつ円滑な実施を確保するため工場及び事業場における事業活動に伴う水銀等の排出の規制。

（ウ）有害大気汚染物質対策の実施の推進。

（エ）自動車排出ガスの許容限度を定めること。

（オ）大気の汚染に関して人の健康に係る被害が生じた場合における事業者の

損害賠償の責任について定めること。

1 1個

2 2個

3 3個

4 4個

5 5個

【題 意】 大気汚染防止法第1条の目的に規定されている事項の内容を問う。

【解 説】 大気汚染防止法第1条（目的）に，

第一条 この法律は，工場及び事業場における事業活動並びに建築物等の解体等に伴うばい煙，揮発性有機化合物及び粉じんの排出等を規制し(ア)，水銀に関する水俣条約（以下「条約」という。）の的確かつ円滑な実施を確保するため工場及び事業場における事業活動に伴う水銀等の排出を規制し(イ)，有害大気汚染物質対策の実施を推進し(ウ)，並びに自動車排出ガスに係る許容限度を定めること(エ)等により，大気の汚染に関し，国民の健康を保護するとともに生活環境を保全し，並びに大気の汚染に関して人の健康に係る被害が生じた場合における事業者の損害賠償の責任について定めること(オ)により，被害者の保護を図ることを目的とする。

と記載されていることから，正しい個数は選択肢**5**の個数が該当する。

【正 解】 **5**

【問】 4

水質汚濁防止法第2条（定義）第2項第1号において，人の健康に係る被害を生じるおそれがある物質として政令で定める物質（「有害物質」という。）に該当しない物質を，次の中から一つ選べ。

1 シアン化合物

2 六価クロム化合物

3 四塩化炭素

4 ヒドラジン

5 ベンゼン

題 意　水質汚濁防止法第2条第2項に規定されている「有害物質」の種類を問う。

解 説　水質汚濁防止法第2条第2項に

第二条

二　この法律において「特定施設」とは，次の各号のいずれかの要件を備える汚水又は廃液を排出する施設で政令で定めるものをいう。

一　カドミウムその他の人の健康に係る被害を生ずるおそれがある物質として政令で定める物質（以下「有害物質」という。）を含むこと。

二　化学的酸素要求量その他の水の汚染状態（熱によるものを含み，前号に規定する物質によるものを除く。）を示す項目として政令で定める項目に関し，生活環境に係る被害を生ずるおそれがある程度のものであること。

これを受けて，水質汚濁防止法施行令第2条に，

第二条　法第二条第二項第一号の政令で定める物質は，次に掲げる物質とする。

一　カドミウム及びその化合物

二　シアン化合物

三　有機燐りん化合物（ジエチルパラニトロフエニルチオホスフエイト（別名パラチオン），ジメチルパラニトロフエニルチオホスフエイト（別名メチルパラチオン），ジメチルエチルメルカプトエチルチオホスフエイト（別名メチルジメトン）及びエチルパラニトロフエニルチオノベンゼンホスホネイト（別名EPN）に限る。）

四　鉛及びその化合物

五　六価クロム化合物

六　砒《ひ》素及びその化合物

七　水銀及びアルキル水銀その他の水銀化合物

八　ポリ塩化ビフェニル

九　トリクロロエチレン

十　テトラクロロエチレン

十一　ジクロロメタン

十二　四塩化炭素

十三　一・二-ジクロロエタン

十四　一・一-ジクロロエチレン

十五　一・二-ジクロロエチレン

十六　一・一・一-トリクロロエタン

十七　一・一・二-トリクロロエタン

十八　一・三-ジクロロプロペン

十九　テトラメチルチウラムジスルフイド（別名チウラム）

二十　二-クロロ-四・六-ビス（エチルアミノ）-s-トリアジン（別名シマジン）

二十一　S-四-クロロベンジル＝N・N-ジエチルチオカルバマート（別名チオベンカルブ）

二十二　ベンゼン

二十三　セレン及びその化合物

二十四　ほう素及びその化合物

二十五　ふつ素及びその化合物

二十六　アンモニア，アンモニウム化合物，亜硝酸化合物及び硝酸化合物

二十七　塩化ビニルモノマー

二十八　一・四-ジオキサン

と記載され，ヒドラジンは含まれていないので，「有害物質」に該当しない物質は，選択肢**4**が該当する。

正解　**4**

問 5

水質汚濁防止法第3条（排水基準）の記述の（ア）～（オ）に入る語句の組合せとして，正しいものを一つ選べ。

第3条　排水基準は，排出水の (ア) （熱によるものを含む。以下同じ。）について，環境省令で定める。

2　前項の排水基準は，有害物質による (ア) にあつては，排出水に含まれる (イ) について， (ウ) ごとに定める許容限度とし，その他の (ア) にあつては，前条第2項第2号に規定する項目について，項目ごとに定める許容限度とする。

3　都道府県は，当該都道府県の区域に属する公共用水域のうちに，その［（エ）］条件から判断して，第1項の排水基準によつては人の健康を保護し，又は生活環境を保全することが十分でないと認められる区域があるときは，その区域に排出される排出水の［（ア）］について，政令で定める基準に従い，条例で，同項の排水基準にかえて適用すべき同項の排水基準で定める許容限度よりきびしい許容限度を定める排水基準を定めることができる。

4　前項の条例においては，あわせて当該区域の範囲を明らかにしなければならない。

5　都道府県が第3項の規定により排水基準を定める場合には，当該都道府県知事は，あらかじめ，［（オ）］に通知しなければならない。

	（ア）	（イ）	（ウ）	（エ）	（オ）
1	有害物質の量	有害物質の種類	汚染状態	自然的，社会的	環境大臣
2	有害物質の種類	有害物質の量	汚染状態	地域的，環境的	関係都道府県知事
3	汚染状態	有害物質の量	有害物質の種類	自然的，社会的	環境大臣及び関係都道府県知事
4	有害物質の量	汚染状態	有害物質の種類	地域的，経済的	環境大臣
5	汚染状態	有害物質の種類	有害物質の量	地域的，環境的	環境人臣及び関係都道府県知事

【題意】　水質汚濁防止法第3条（排水基準）について条文内容を問う。

【解説】　水質汚濁防止法第3条（排水基準）に

第三条　排水基準は，排出水の汚染状態（ア）（熱によるものを含む。以下同じ。）について，環境省令で定める。

二　前項の排水基準は，有害物質による汚染状態（ア）にあつては，排出水に含まれる有害物質の量（イ）について，有害物質の種類（ウ）ごとに定める許容限度とし，その他の汚染状態（ア）にあつては，前条第二項第二号に規定する項目について，項目ごとに定める許容限度とする。

三　都道府県は，当該都道府県の区域に属する公共用水域のうちに，その自然的，社会的(エ)条件から判断して，第一項の排水基準によつては人の健康を保護し，又は生活環境を保全することが十分でないと認められる区域があるときは，その区域に排出される排出水の汚染状態(ア)について，政令で定める基準に従い，条例で，同項の排水基準にかえて適用すべき同項の排水基準で定める許容限度よりきびしい許容限度を定める排水基準を定めることができる。

四　前項の条例においては，あわせて当該区域の範囲を明らかにしなければならない。

五　都道府県が第三項の規定により排水基準を定める場合には，当該都道府県知事は，あらかじめ，環境大臣及び関係都道府県知事(オ)に通知しなければならない。

と記載されている。よって，それぞれの空欄に入る正しい組合せは，選択肢**3**が該当する。

【正解】 **3**

問 6

濃硝酸と濃硫酸の混合物による一置換ベンゼンのモノニトロ化反応における，置換基Xの配向性に関する次の記述の中から，誤っているものを一つ選べ。ただし，反応式中生成物の構造式は，オルト位，メタ位またはパラ位のいずれかにニトロ基が一つ置換されていることを示す。また，反応はそれぞれ最適条件で行うものとする。

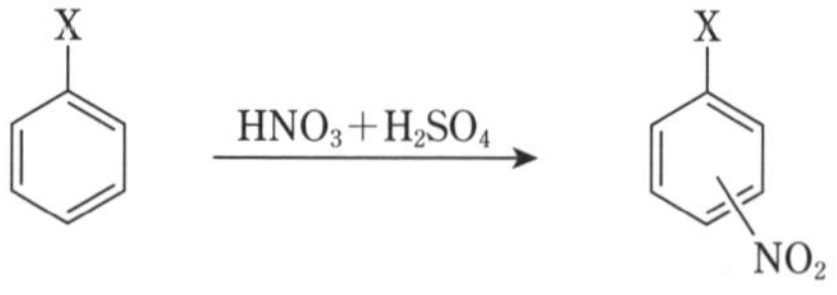

1　トルエン（X＝CH_3）は主にオルト体とパラ体の混合物を与える。

2　安息香酸メチル（X＝$COOCH_3$）は主にメタ体を与える。

3　アセトアニリド（X＝$NHCOCH_3$）は主にメタ体を与える。

4　クロロベンゼン（X＝Cl）は主にオルト体とパラ体の混合物を与える。

5　（トリフルオロメチル）ベンゼン（X＝CF_3）は主にメタ体を与える。

〔題 意〕 一置換ベンゼンの配向性について基礎知識を問う。

〔解 説〕 一置換ベンゼンの求電子置換反応（S_E反応）は，反応種が正イオンで環のπ電子に引き寄せられて反応が進む。

反応性は，環のπ電子が多い場所ほど反応は盛んである。配向性は，置換基が既に存在する場合，π電子密度の高い位置で起こりやすい。求電子置換反応の中間体として生成するカルボカチオンを誘起効果（＋I効果）または共鳴効果（＋M効果）によって安定化させる置換基（電子供与性基）があれば，反応速度が増加し，その置換基に対してo^-，p^-位に優先的に起こる（オルト-パラ配向性）。カルボカチオンを不安定化させるとき（電子吸引性基）はm^-位に置換が起こり（メタ配向性），反応速度はベンゼンと比較して低下する（不活性化）。これらの置換基効果をまとめると**表**のようになる。

表　置換基の配向性

	o，p^- 配向性	o，p^- 配向性	m^- 配向性
	＋M効果＞－I効果	＋M効果＜－I効果	－M効果，－I効果
反応性	活性化（高い）	やや不活性（低い）	不活性化（低くなる）
↑	$-NHR$，$-NR_2$		$-N^+(CH_3)_3$
	$-NH_2$		$-CF_3$
	$-OH$		$-NO_2$
	$-OCH_3$，$-OR$		$-CN$
	$-NHCOCH_3$，$-NHCOR$		$-SO_3H$
増大	$-OCOR$		$-CHO$
	$-R$，$-CH_3$		$-COR$，$-COCH_3$
	$-C_6H_5$		$-COX$，$-COOH$
	$-C=CR_2$		$-COOR$，$-COOCH_3$
		$-X$(F，Cl，Br，I)	
		$-CH_2X$	
		$-N=O$	

トルエンは，メチル基が付いているからオルト-パラ配向性である（選択肢**1**は正しい）。安息香酸メチルはメトキシカルボニル基が付いているからメタ配向性である（選択肢**2**は正しい）。アセトアニリドは，アセチルアミノ基が付いているからオルト-パラ配向性である（選択肢**3**は誤りである）。クロロベンゼンは，ハロゲンが付いているからオルト-パラ配向性である（選択肢**4**は正しい）。トリフルオロメチルベンゼンは，トリフルオロメチル基が付いているからメタ配向性である（選択肢**5**は正しい）。

正　解　**3**

問 7

次のアンモニアを含むアミン類（ア）～（カ）について，それぞれの共役酸の pK_a 値（水中，25℃）の大小関係として，誤っているものを一つ選べ。ただし，$pK_a = -\log K_a$（K_a：イオン強度が 0 のときの酸解離定数）とする。

（ア）$CH_3CH_2NH_2$

（イ）NH_3

（ウ）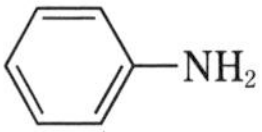

（エ）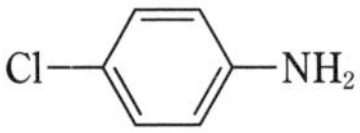

（オ）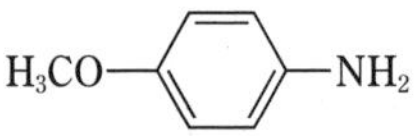

（カ）

1　（ア）＞（イ）

2　（イ）＜（ウ）

3　（ウ）＞（エ）

4　（エ）＜（オ）

5　（オ）＞（カ）

題　意　脂肪族アミンおよび芳香族アミンの塩基性の強さについて問う。

解　説　塩基性の強さと求核性はアミンの窒素原子上の非共有電子対があることによって説明される。RNH_2 は NH_3 より強い塩基である。メチル基やエチル基のような電子供与性効果が窒素原子上の電子密度を増加させて安定にするからである。芳香族アミンは，脂肪族アミンより塩基性が弱い。例えばアニリン分子は共鳴効果により安定化されていて，窒素原子の電子密度は，共鳴がなく遊離電子対が窒素原子上に局在化している脂肪族アミンと比べて小さくなっている（**図 1**）。このため，窒素原子の遊離電子対への H^+ の付加は，脂肪族アミンより妨げられ塩基性が弱い。

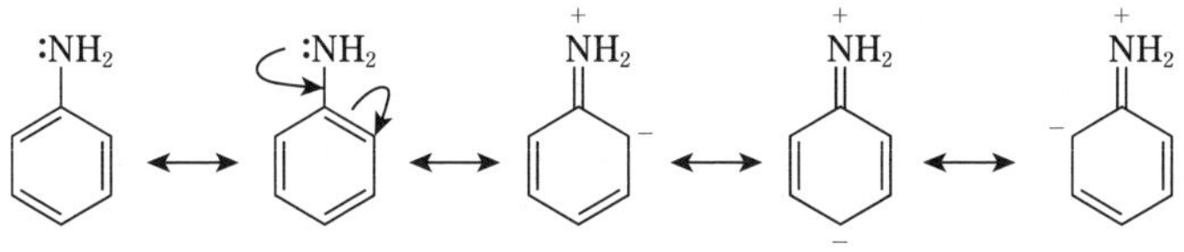

図 1　芳香族アミンの解離平衡反応

アミン類が水と反応してその共役酸と水酸化物イオンに変化するとき（**図 2**），塩基性が強いほど pK_a 値は大きくなる。典型的なアミン類の 25 ℃における pK_a 値を**表**に示す。また，出題の化合物についても，その 25 ℃における pK_a 値を併せて示す。

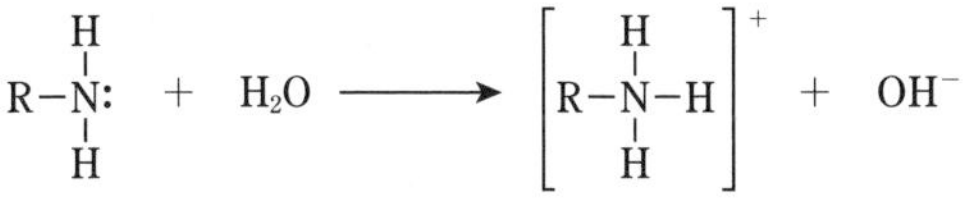

図 2　脂肪族アミンとその共役酸の化学式

表　アミン類の 25 ℃における pK_a 値

アミン類	分子式	設問の符号	pK_a
アンモニア	NH_3	（イ）	9.25
メチルアミン	CH_3NH_2		10.66
エチルアミン	$C_2H_5NH_2$	（ア）	10.65
アニリン	$C_6H_5NH_2$	（ウ）	4.87
4- クロロアニリン	$ClC_6H_4NH_2$	（エ）	3.98
p- アニシジン （*p*- メトキシアニリン）	$CH_3OC_6H_4NH_2$	（オ）	5.34
4- ニトロアニリン	$NO_2C_6H_4NH_2$	（カ）	1.01

なお，*p*-ニトロアニリンは**図 3** に示すように非共有電子対がニトロ基に非局在化され，安定化されている。そのため，塩基性はかなり小さい。

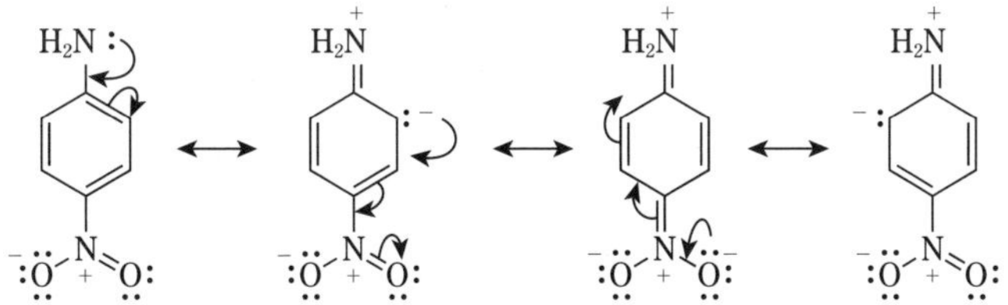

図 3　*p*-ニトロアニリンの解離平衡反応

よって，選択肢**1**，**3**～**5**は正しい。選択肢**2**は誤りである。

正解　**2**

問 8

次の炭素陰イオン（ア）～（エ）の安定性の大きい順として，**1**～**5**の中から正しいものを一つ選べ。ただし，炭素陰イオンは，いずれも気相または代表的な非プロトン性極性溶媒であるジメチルスルホキシド中で生成されたものとする。

（ア）$:\overset{\ominus}{C}H_3$　（イ）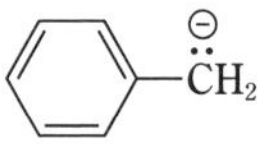　（ウ）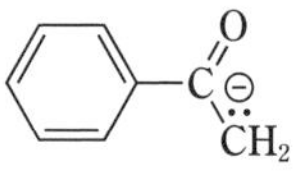　（エ）$O_2N-\overset{\ominus}{\ddot{C}}H_2$

1　（ア）＞（イ）＞（ウ）＞（エ）
2　（イ）＞（ウ）＞（エ）＞（ア）
3　（ウ）＞（イ）＞（ア）＞（エ）
4　（エ）＞（ウ）＞（イ）＞（ア）
5　（ウ）＞（エ）＞（イ）＞（ア）

題意　炭素陰イオン（カルボアニオン）について基礎知識を問う。

解説　炭素原子を含む重要な中間体は4種あり，それらは①カルボカチオン，②カルボアニオン（カルバニオン）③カルボラジカル，④カルベンである。この中で，カルボアニオンは負に帯電した炭素である。カルボアニオンの炭素は三つの原子団との結合に加え孤立電子対をもつためその軌道は sp^3 混成軌道をとる。カルボアニオンの安定性の大小は**図1**に示すとおりである。

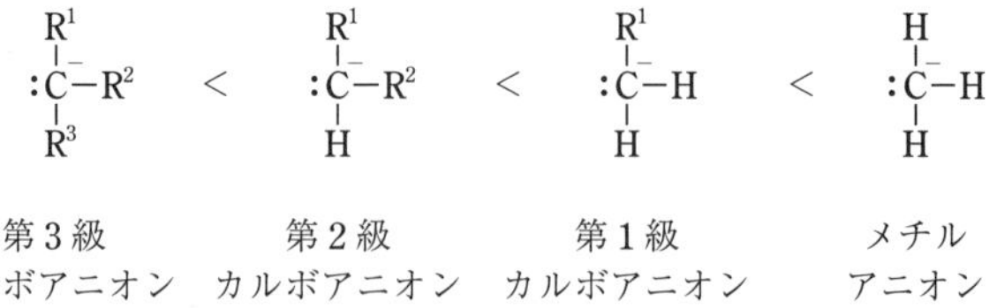

図1　カルボアニオンの安定性

電荷の偏りが小さいほうが安定であり，中心にある炭素原子の負電荷を周りに分散させたほうが安定になる。炭素の隣にある原子団が電子供与性基である官能基の場合に不安定になる。一方，隣の原子が水素または電気陰性度の高い電子求引性基である場合，電子を非局在化できるので，より安定なアニオンとなる。電子求引性基の電気陰性度の大きさは，つぎのとおりである。

電子吸引性基：

$$-\mathrm{NO_2} > -\mathrm{CN} > -\mathrm{CHO} > -\mathrm{COR} > -\mathrm{COOH} > -\mathrm{COOR} > -\mathrm{X}(\mathrm{F, Cl, Br, I}) > -\mathrm{H}$$

また，フェニル基のような電子吸引形共鳴安定化ができる原子または原子団がA−：C^- のAに結合していると，カルボアニオン（：C^-）を安定化できる（**図2**）。よって，選択肢**4**の組合せが最も適切である。

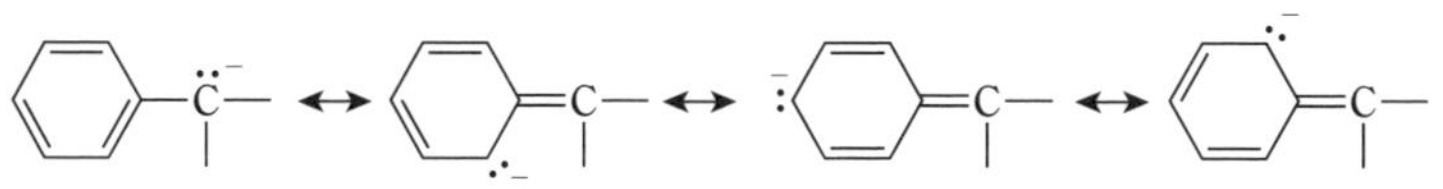

図2　ベンジルアニオンの共鳴安定化

正 解　**4**

問 9

不純物を少量含む物質の純度を高めるための方法に関して，次に示した組合せの中から，誤っているものを一つ選べ。

	物質	不純物	純度を高めるための方法
1	窒素	酸素	低温で液化した後，蒸留
2	よう素	よう化カリウム	加熱による昇華
3	塩化ナトリウム	塩化マグネシウム	水溶液の電気分解
4	硝酸カリウム	塩化ナトリウム	高温の水に飽和させた後，冷却して再結晶
5	*o*-ニトロフェノール	*p*-ニトロフェノール	シリカゲル吸着クロマトグラフィー

題 意　気体，単体，無機塩または有機化合物の純度を高める方法について，基

礎知識を問う。

解説　深冷分離法とは，空気を極低温（一般に −170℃以下）まで冷却し，液化させ蒸留により分離する方法である。酸素・窒素・アルゴンなど，空気中の組成物のほぼすべてを高純度で得ることができる（選択肢 **1** は正しい）。

ヨウ素は海水中に 0.05 ppm（0.000 005％）含まれる。ヨウ素はかつては海藻を原料に工業的に生産されたが，1959 年以降は工業的には天然ガス，チリ硝石，石油の副産物として生産されている。工業的にはヨウ化ナトリウムなどヨウ化物イオンを含む地下水や水溶液に酸性条件下で塩素を吹き込み，酸化されたヨウ素単体を昇華精製する（選択肢 **2** は正しい）。

海水に含まれている塩類は，塩化ナトリウムが大部分を占めるが，海水から塩化マグネシウムを分離する精製方法が古くから行われている。一般的には，海水をくみ上げ日光や熱を与えて煮詰めることで塩化ナトリウムと塩化マグネシウムなどの他の塩と分離できる。海水を含んだ塩田でとった鹹水《かんすい》を煮つめると，硫酸カルシウム（石膏 $CaSO_4$）が初めに結晶化する。この硫酸カルシウムは食塩でないので除去する必要がある。海水が蒸発して，海水の量が 10 分の 1 以下になると，塩化ナトリウムが結晶する。やがて量の少ない硫酸マグネシウム・塩化マグネシウム・塩化カリウムなどが結晶する。ただし，塩を作る場合は最後まで煮込む必要はなく，塩化ナトリウムができた時点で残った塩化マグネシウム・硫酸マグネシウム・塩化カリウムなど多くのミネラルを含んだ液体がにがりになる。にがりを作るとき，硫酸カルシウム（石膏，$CaSO_4$），塩化ナトリウム（NaCl），硫酸マグネシウム（$MgSO_4$），塩化マグネシウム（$MgCl_2$），塩化カリウム（KCl）の順番で結晶化する（選択肢 **3** は誤りである）。

硝酸カリウムは加熱するとよく溶ける性質がある。硝酸カリウムは，化学式 KNO_3 で表される硝酸塩の一種であり，天然に産出するものではチリ硝石が古くから知られている。水溶液の温度による溶解度の差が大きい（80℃で 169 g，20℃で 31.6 g）ため，溶解度差を利用して精製（再結晶法）がしやすい物質でもある。また，工業的には，天然の硝石に含まれる不純物（塩化ナトリウムなど）に塩化カリウムを通じておき，より溶解度の小さな塩化ナトリウムを析出させて，硝酸カリウムを精製するというようなことが行われる（選択肢 **4** は正しい）。

実際に，芳香族ニトロ化合物について，ベンゼンを展開剤としてシリカゲルによる薄層クロマトグラフィーを行った場合，例えば，ニトロベンゼンの *Rf* 値 1.0 に対して，

o-ニトロフェノールは約0.9，*p*-ニトロフェノールは約0.3となる。これは，OH基のような親水性基が導入されると *Rf* は低下するが，*o*-ニトロフェノールは，ニトロ基の酸素原子とOH基との分子内水素結合により，シリカゲルに対して吸着が妨げられるため，異性体である *p*-ニトロフェノールと比較して極性が小さくなり，*p*-ニトロフェノールより速く展開されて，分離される（選択肢**5**は正しい）。ちなみに，*o*，*m* および *p*-ニトロフェノールの分離分画は，移動相にリン酸を含むアセトニトリル / 水系を用いて，逆相分配クロマトグラフィーにより行うことができる。この場合溶出は，*p*-ニトロフェノールが最初に溶出し，*p*-，*m*-，*o*-の順になる。

正解　**3**

問 10

水素の単体および化合物に関する次の記述の中から，下線部に誤りを含むものを一つ選べ。

1　常温常圧で安定な水素の単体は H_2 のみであり，同素体は知られていない。

2　自然界に存在する水素（H_2）2.000 g の分子数は，6.022×10^{23} 個よりも少ない。

3　水素（H_2）は，ニッケルを不均一触媒として，エチレン（エテン）に付加してエタンを与える。

4　14族元素の水素化合物 CH_4，SiH_4，GeH_4，SnH_4 は，分子量の大きいものほど沸点が高くなる。

5　常温常圧の第2周期元素の水素化合物 LiH，NH_3，H_2O，HF 中の結合は全て共有結合である。

題意　水素の単体および化合物について基礎知識を問う。

解説　水素（H，標準原子量：1.008）には天然に ^1H，^2H および ^3H の三つの同位体があり，^3H は半減期12.32年をもつ放射性同位体である。そのほかには非常に不安定な核種（四重水素～七重水素）が実験室で合成されているが，天然にはまったく存在しない。これに対して，常温常圧で安定な同素体は存在しない（選択肢**1**は正しい）。

水素の同位体は，特別な名前が使われている唯一の元素であり，元素記号 D と T（^{2}H と ^{3}H の代替）が重水素と三重水素に対して用いられる。水素の同位体の存在比を**表 1** に示す。水素分子は，常温常圧では無色無臭の気体として存在する，分子式 H_2 で表される単体である。水素に同位体が存在するため，分子量は 2.015 88 である。2.000 g の水素分子は 1 モルより小さい（選択肢 **2** は正しい）。

表 1　核種の存在比と質量

原子番号	核　種	存在比〔%〕	質　量
1	^{1}H	99.985	1.007 825
	^{2}H	0.015	2.014 0
	^{3}H	極微量	3.016 049 2

炭素-炭素多重結合の水素化では，白金族金属，あるいはニッケルを不均一系触媒として水素化を行う。C＝C 二重結合，C≡C 三重結合を C－C 単結合へ水素化するにはニッケル，ルテニウム，パラジウム，白金などが用いられる。これらの触媒の選択は基質に存在する他の官能基への選択性を考慮して選択される（選択肢 **3** は正しい）。

14 族元素の水素化合物について，分子量と沸点を**表 2** にまとめた（選択肢 **4** は正しい）。

表 2　化合物の分子量と沸点

化合物	分子量	沸点 / ℃
CH_4	16.042	－161.6
SiH_4	32.12	－112
GeH_4	76.62	－88
SnH_4	122.71	－52

水素化物は，結合様式と反応性など物性の違いによりつぎの 3 種に分類される。それらは，金属層に水素が入り込んだ介在型（侵入型固溶体），水素より電気陰性度の低い元素（陽性元素）との化合物（イオン結合型水素化物）および水素より電気陰性度の大きい元素（陰性元素）との化合物（共有結合型水素化物）である。金属結合をもつ単体金属は，緻密な結晶構造をもつが，水素などの小さい原子は，結晶構造のすき間に入り込み，結晶構造を変えないで化合物を作ることができる。これを侵入型固溶体という。

イオン結合型水素化物は，水素より電気陰性度の小さいアルカリ金属元素（水素を除く 1 族元素），2 族のアルカリ土類金属，希土類元素（スカンジウム，イットリウムおよびランタノイドの 17 元素），および 13 族のアルミニウムで，一般式で MH_n（$n=1\sim3$）で示される。LiH や NaH が典型例である。

共有結合型水素化物は，13 族の B，Al，Ga，14 ～ 17 族元素の二成分水素化物が含まれる。HF や HCl などのハロゲン化水素は分子なので共有結合性水素化物に分類される。2 族元素の BeH_2，MgH_2 は共有結合性水素化物に分類される。ただし，多少はイオン結合性もあるため境界領域の水素化物に分類されることもある（選択肢 **5** は誤りである）。

【正 解】 **5**

問 11

水にわずかに溶け，ジエチルエーテルによく溶ける非電解質 A の水溶液からジエチルエーテルを使って溶媒抽出を行うとき，ジエチルエーテル相，水相のそれぞれにおける A の濃度を C_e（gL^{-1}）および C_w（gL^{-1}）と表すと，分配比 D は $D=\dfrac{C_e}{C_w}$ で示される。W_0（g）の A を溶かした V_w（mL）の水溶液を V_e（mL）のジエチルエーテルで抽出したとき，水溶液中に残っている A の質量 W（g）を求める式として，正しいものを一つ選べ。ただし，$C_e > C_w$ であり，抽出後の溶液の体積はジエチルエーテル相，水相ともに変わらないものとする。

1　$W=\dfrac{V_w}{V_w+V_e}W_0$

2　$W=\dfrac{V_w}{V_w+DV_e}W_0$

3　$W=\dfrac{V_w}{DV_w+V_e}W_0$

4　$W=\dfrac{DV_w}{V_w+V_e}W_0$

5　$W=\dfrac{DV_w}{DV_w+V_e}W_0$

【題 意】 分配比（分配係数）を扱った計算式に関する問題である。

【解 説】 たがいに混合しない 2 種類の溶媒に少量の溶質を加えた場合，溶質は二つの溶媒に一定の比で分配される。この比を分配比（分配係数）D といい，つぎの式（1）で表される。

$$D=\frac{C_e}{C_w} \qquad (1)$$

ここで，C_e：有機相中の溶質濃度，C_w：水相中の溶質の濃度である。

水溶液に溶質Aが重量 W_o 溶解し，水溶液中に残存している溶質の重量は W であるので，有機溶媒に重量 W_o-W だけ転溶したことになる。

これらのパラメータを式（1）に代入して分配比を求めると

$$D=\frac{\dfrac{W_0-W}{V_e}}{\dfrac{W}{V_w}} \qquad (2)$$

となり，この式（2）から W を求めると

$$W\left(\frac{D}{V_w}+\frac{1}{V_e}\right)=\frac{W_0}{V_e}$$

$$W=\frac{W_0\cdot V_w}{V_e\cdot D+V_w} \qquad (3)$$

式（3）に該当するのは，選択肢 **2** である。

【正解】 **2**

問 12

下記の構造式において，sp^2 混成軌道をとる炭素原子の個数として，正しいものを一つ選べ。

1　2 個

2　4 個

3　5 個

4　6 個

5　8 個

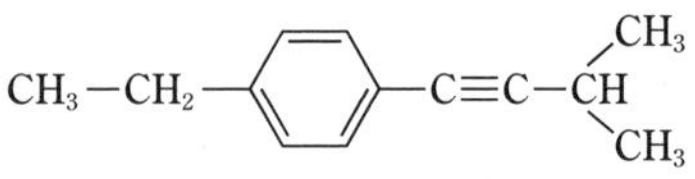

【題意】 炭素原子の混成軌道について基礎知識を問う。

【解説】 炭素原子の混成軌道は，例えばメタンは，4 本の等価な σ 結合をつくる

ため，2s 軌道と三つの 2p 軌道を混ぜることによってつくられる。これを sp^3 混成軌道という。炭素の原子軌道は sp^3 以外の方法でも混成できる。これらの混成軌道は，電子対間の反発のため**表**に示したような結合角と幾何構造をもつ。

表　混成軌道の特徴

型	結合角	幾何構造	p 軌道の数	例
sp^3	109.5°	四面体	0	メタン
sp^2	120°	平面三角形	1	エチレン，ベンゼン
sp	180°	直線	2	アセチレン

設問の炭化水素化合物の 13 個の炭素の中で，アルキニル基の 2 個の炭素は sp 混成軌道を有し，エチル基およびイソプロピル基の計 5 個の炭素は sp^3 混成軌道を有し，フェニル基の 6 個の炭素は sp^2 混成軌道を有している。よって，選択肢 **4** が正しい。

正解　**4**

問 13

カルボニル化合物の反応に関する（ア）～（エ）の記述の中から，正しい記述を全て選んでいるものを **1** ～ **5** の中から一つ選べ。

（ア）アセトアルデヒドのアルドール（Aldol）反応では，主生成物として炭素数 4 のカルボン酸が得られる。

（イ）グリニャール（Grignard）反応は水中で行われる。

（ウ）クレメンゼン（Clemmensen）還元は酸性下で行われる。

（エ）ベンズアルデヒドのカニッツァーロ（Cannizzaro）反応による生成物のうちの一つは，ベンジルアルコールである。

1　（ア）

2　（イ）

3　（イ）と（エ）

4　（ウ）と（エ）

5　（ア）と（イ）と（ウ）

【題 意】 カルボニル化合物の反応について基礎知識を問う。

【解 説】 アルドール反応は，2分子のアルデヒドまたはケトンを塩基の触媒作用によって重合させ，β-ヒドロキシアルデヒドまたはβ-ヒドロキシケトンを生成する反応である。このβ-ヒドロキシカルボニル化合物を一般にアルドール類という。アルドール類は脱水反応を起し，不飽和化合物となりやすいので，これまでを含めてアルドール縮合という。アセトアルデヒドの場合，つぎのように反応する。このアルドールを還元すれば1,3-ブタンジオールとなり，それを脱水すればブタジエンとなる（(ア)は誤りである）。

$CH_3CHO + CH_3CHO$
アセトアルデヒド

$\xrightarrow{OH^-} CH_3CH(OH)CH_2CHO$
アルドール

$\longrightarrow CH_3CH=CHCHO + H_2O$
クロトンアルデヒド

1900年フランスの化学者ヴィクトル・グリニャールは，ハロゲン化アルキルとマグネシウムをエーテル溶媒中で反応させると非常に再現性良くかつ反応性の高いアルキル化剤が得られることを発見した。現在で用いられているグリニャール試薬およびグリニャール反応である（(イ)は誤りである）。

クレメンゼン還元は亜鉛アマルガムを用いて塩酸などの強酸性の溶媒中でケトンやアルデヒドのカルボニル基を還元してメチレン基にする化学反応である（(ウ)は正しい）。

α位炭素に水素置換基をもたないアルデヒドを水酸化ナトリウム水溶液中で加熱すると，還元体であるアルコールと酸化体であるカルボン酸が1：1の量比で得られる。これはスタニズラオ・カニッツァーロが発見したアルデヒドの不均化反応であり，カニッツァーロ反応と呼ぶ（(エ)は正しい）。

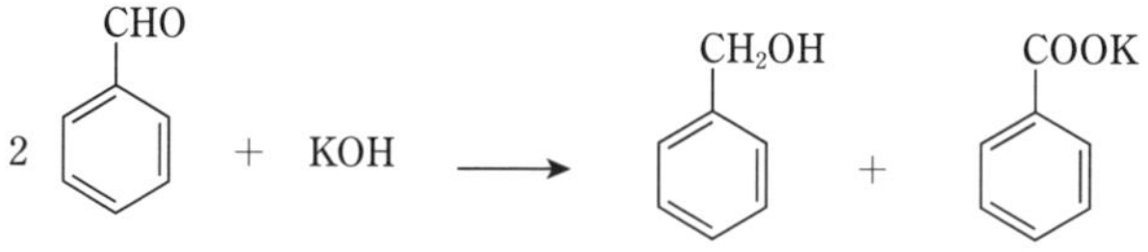

ベンジンアルコール　安息香酸カリウム

よって，正しい記述をすべて選んでいる組み合わせは，選択肢**4**である。

正 解　4

問 14

下に挙げた4名の化学者と代表的業績（ア）～（エ）との組合せとして，正しいものを一つ選べ。

代表的業績

（ア）導電性高分子の発見

（イ）ベンゼンの構造式の提唱

（ウ）ビニロンの合成法の発明

（エ）硝酸の工業的製法の発明

	白川英樹	ケクレ（A. Kekulé）	桜田一郎	オストワルト（F. Ostwald）
1	（ア）	（イ）	（ウ）	（エ）
2	（イ）	（ア）	（エ）	（ウ）
3	（イ）	（ウ）	（ア）	（エ）
4	（ウ）	（エ）	（ア）	（イ）
5	（エ）	（イ）	（ウ）	（ア）

題 意　化学者名と代表的業績の内容について問う。

解 説　1970年代に白川英樹らによるポリアセチレンフィルムの合成により導電性高分子に関する研究が飛躍的に発展し，現在ではタブレットPCやスマートファオンなどの透明タッチパネル，電解コンデンサ，電子機器のバックアップ用電池，携帯電話，ノートパソコンなどに使用されているリチウムイオン電池の電極などに応用されている。

ドイツの有機化学者フリードリヒ・アウグスト・ケクレ・フォン・シュトラドーニッツは，ベンゼンの構造式として二重結合と単結合が交互に並んで六員環を構成するケクレ構造（亀の甲）を提唱した。その後，置換ベンゼンの異性体の数をケクレ構造で説明するためにベンゼン環は二つのケクレ構造の間を振動しているという仮説を提唱した。

1939 年，桜田一郎京都帝国大学教授の研究グループがポリビニルアルコール繊維（合成 1 号，「ビニロン」）の合成に成功したことを発表した。

1902 年にオストワルトは，白金を触媒に，アンモニアを酸化して硝酸を合成する方法，いわゆる，アンモニア酸化法を開発した。これはアンモニア NH_3 を酸化して硝酸 HNO_3 を製造する方法であり，アンモニアを空気または酸素と混合し，900℃程度の高温で触媒の助けを借りて反応させ，一酸化窒素 NO を得，冷却後，これをさらに酸化して二酸化窒素 NO_2 にする。この二酸化窒素を水に吸収させて硝酸を製造する。

$$4NH_3 + 5O_2 \longrightarrow 4NO + 6H_2O$$

$$2NO + O_2 \longrightarrow 2NO_2$$

$$3NO_2 + 2H_2O \longrightarrow 2HNO_3 + NO$$

よって，化学者名と代表的業績の内容の組合せの中で，最も適切なものは，選択肢 **1** である。

【正　解】 **1**

問 15

エタノールは，1 気圧で 78.3℃の沸点を示す。この温度におけるエタノールの蒸発熱が 39.3 $\mathrm{kJ\,mol^{-1}}$ であるとすると，蒸発エントロピーは幾らか。次の中から最も近いものを一つ選べ。

1　$-502\ \mathrm{JK^{-1}\,mol^{-1}}$

2　$-112\ \mathrm{JK^{-1}\,mol^{-1}}$

3　$0\ \mathrm{JK^{-1}\,mol^{-1}}$

4　$112\ \mathrm{JK^{-1}\,mol^{-1}}$

5　$502\ \mathrm{JK^{-1}\,mol^{-1}}$

【題　意】 沸点と蒸発熱から蒸発エントロピーを求める計算問題である。

【解　説】 等温過程においてエントロピー変化 ΔS は，式 (1) に示すように，移動する熱 q_{rev} を，その変化が生じるときの絶対温度 T で割った値に等しい。よって，出題の数値を式 (1) に当てはめて蒸発エントロピー変化 ΔS を求めると

$$\Delta S = \frac{q_{rev}}{T}\ （温度Tは一定）\ = \frac{39.3〔\mathrm{kJ\ mol^{-1}}〕}{273 + 78.3} \cong 112〔\mathrm{J \cdot K^{-1}\ mol^{-1}}〕$$

となる。

正 解　**4**

問 16

化合物の有害性などに関する次の記述の中から，正しいものを一つ選べ。

1　三酸化二ひ素は両性化合物であり，塩基と反応して生成する亜ひ酸塩も一般に有毒である。

2　酢酸鉛（Ⅱ）は有機金属化合物であり，アンチノック剤としてガソリンに添加され，鉛汚染の原因となった。

3　ジメチル水銀は脂溶性が高く生体組織に取り込まれにくいため，無機水銀化合物と異なり人体には無害である。

4　酸化クロム（Ⅲ）は，水溶液がクロムめっきのめっき液などに用いられるが，強い酸化力のため，皮膚や粘膜に付着すると炎症などを起こす。

5　硫化カドミウムは土壌中では酸化的な環境で生成し，水溶性が高いため，容易に植物に吸収される。

題 意　金属化合物の有害性について基礎知識を問う。

解 説　三酸化二ヒ素は無味無臭であり，常温常圧では粉末状の白色固体である。両性酸化物である（酸とも塩基とも反応する）が，水に溶かすと水和して亜ヒ酸（$As(OH)_3$）となり，弱酸性を示す。毒性が強く，かつて害虫やネズミの駆除などに使われた（選択肢 **1** は正しい）。

アンチノック剤として，オクタン価を高めるためにガソリンに加える添加剤としては，テトラアルキル鉛（四メチル鉛，四エチル鉛，一メチル・三エチル鉛，二メチル・二エチル鉛，三メチル・一エチル鉛など）が代表的であるが，鉛公害の原因となるため，現在は無鉛ガソリンが使用されている（選択肢 **2** は誤りである）。

ジメチル水銀は，無色の可燃性の液体で，最も強い神経毒の一つである。システインと錯体を形成するため，ジメチル水銀は容易に血液脳関門を突破する。ジメチル水銀はこの錯体から非常にゆっくりと遊離するため，生物濃縮される傾向がある（選択肢**3**は誤りである）。

酸化に使用されるのは無水クロム酸（CrO_3），クロム酸（H_2CrO_4），二クロム酸（$H_2Cr_2O_7$）といった六価クロムの化合物の塩や錯体である。これらの化合物は強酸性条件下においては非常に強い酸化力をもち，有機化合物は完全に分解される。六価クロム化合物は強い毒性をもち，土壌汚染や水質汚染の原因となるために排出が厳しく規制されている（選択肢**4**は誤りである）。

カドミウムの硫化物，炭酸塩，酸化物などの塩類は，実際上水に不溶であるが，これらは自然界において水溶性の塩類への転換が可能である。その硫酸塩，硝酸塩，ハロゲン化物は水中で溶ける（選択肢**5**は誤りである）。

正解　**1**

問 17

下図のように，波長λのX線をθの角度で結晶に入射したとき，X線回折測定において回折ピークが出現する条件式として，正しいものを一つ選べ。ただし，dは面間隔，nは自然数とする。また，回折ピークは，反射したX線の位相が一致して互いの波を強め合うときに現れるものとする。

1　$2d\sin\theta = n\lambda$

2　$\sin\theta / d = n\lambda$

3　$d\cos\theta = n\lambda$

4　$\cos\theta / 2d = n\lambda$

5　$d / \cos\theta = n\lambda$

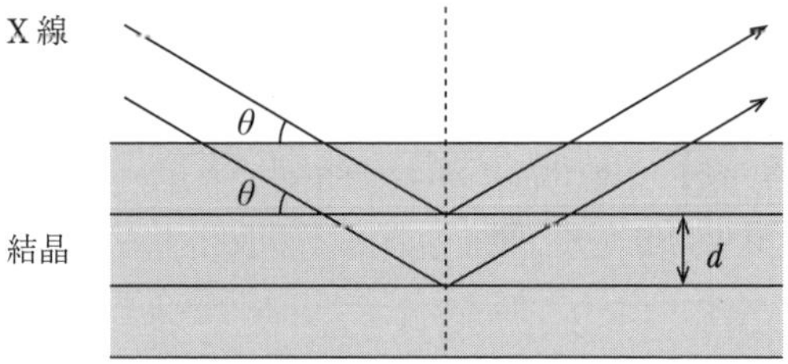

題意　ブラッグ（Bragg）の反射について基礎知識を問う。

解説　X線回折分析は，試料（結晶性固体）にX線を照射したときのレイリー（Rayleigh）散乱による回折X線を測定して結晶構造に関する情報を得る。波長λのX線を結晶面に当てると第1格子面での反射Ⅱのほかに第2格子面にも到達し，反射Ⅰが起こる（**図**参照）。この二つの反射波の間に干渉が生じる。二つの反射波がたがいに波長λの整数倍だけ異なるとき，両波は強くなり反射強度が最大になる。この関係を

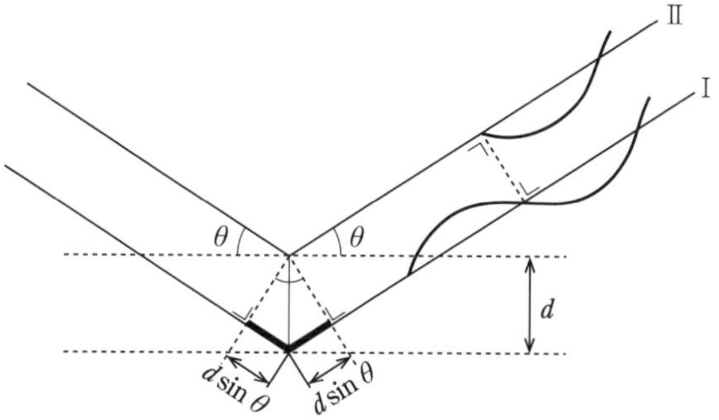

図　ブラッグの反射の図

ブラッグの反射という。つぎのブラッグの関係式から，原子間隔 d などを知ることができる。

$$n\lambda = 2d\sin\theta \tag{1}$$

ここで，λ：回折 X 線の波長，d：格子面間隔，n：正の整数，θ：ブラッグ角である。

よって，選択肢 **1** が正しい。

【正解】 **1**

問 18

炭素とけい素に関する次の記述の中から，誤っているものを一つ選べ。

1　炭素原子は互いに共有結合で結合し，六員環を形成することができる。

2　一般にダイヤモンドは絶縁体であるが，黒鉛（グラファイト）は電気伝導性をもつ。

3　けい素は地殻中で炭素よりも存在度の小さい元素である。

4　けい素-けい素の単結合は，炭素-炭素の単結合よりも結合エネルギーが小さい。

5　けい素単体の結晶は，常温常圧でダイヤモンド型の結晶構造をとる。

【題意】　周期表の 14 族元素に属する炭素およびけい素の結合について基礎知識を問う。

【解説】　炭素の同素体の一つであるグラファイトは，柔らかく，黒色で，滑りやすい固体である。金属光沢をもち，電気伝導性がある。グラファイトでは，sp^2 混成した炭素原子からできたシートが積み重なっており，シートどうしは分散力によって保持されているものをグラフェンシートという。炭素原子は，同じ層中の炭素と共有結合をつくり，六角形を形成している。同じく炭素の同素体の一つであるダイヤモンドは，既知の物質中で最も固い材料となっており，高い融点（3 550 ℃）をもち，きわめてよい熱伝導体であると同時に電気的には絶縁体である（選択肢 **1** および **2** は正しい）。

けい素 Si は炭素と同族で，最外殻電子（価電子を）4 個もっており，Si 原子がダイヤモンドと同様の構造をした結晶である（選択肢 **5** は正しい）。しかし，ダイヤモンドの共有結合よりも結合力が弱く，光や熱によって結合の一部が切れ，そこで生じた不対電子が，自由電子のように働くので，条件によって電導性を生じる。このため，けい素は半導体として用いられる。けい素 Si-Si 結合の結合エンタルピーは 226 kJ/mol であり，炭素 C-C 結合の結合エンタルピーである 348 kJ/mol より小さい（選択肢 **4** は正しい）。地殻の 90 % は，二酸化けい素およびけい素と酸素を含む他の化合物からなる（選択肢 **3** は誤り）。けい素の単体は天然には存在しないため，けい砂（主成分：SiO_2）をコークスとともに加熱することにより粗製のけい素（不純物を含むけい素）をつくり，それを精製することで純度の高いけい素の単体を得る。

【正 解】 **3**

問 19

水の状態変化に関する次の記述の中から，誤っているものを一つ選べ。

1　水は，三重点において固体，液体，気体が共存する。

2　水の沸点は，大気圧条件において硫化水素の沸点よりも高い。

3　水の融点は，10 MPa の圧力条件下で 0 ℃ よりも高くなる。

4　水の飽和蒸気圧は，大気圧条件で 0 ℃ から 100 ℃ までの温度上昇に伴って高くなる。

5　水は，超臨界状態で加圧しても状態変化しない。

【題 意】 水の相図について基礎知識を問う。

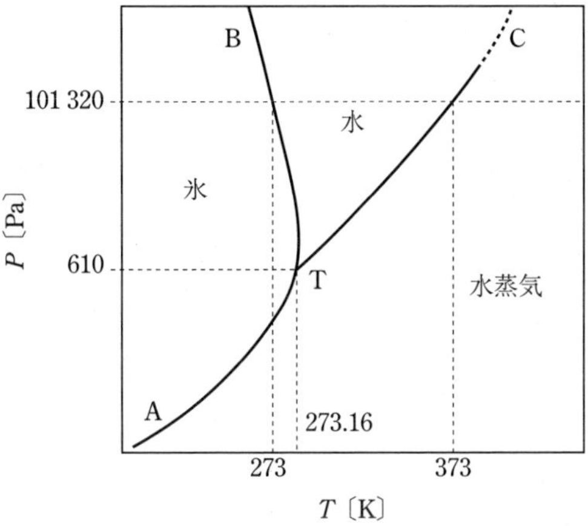

図　水の P-T 相図

【解 説】 **図**に示す水の P-T 相図について説明する。

線分 AT は固相と気相のギブズ自由エネルギー G の値が等しく平衡にある境界線であり，昇華平衡曲線という。線分 TC は液相と気相が平衡にある境界線で蒸発平衡曲線と呼び，蒸気圧が温度の関数になっている。線分 TB は固相と液相の境界線であり，融解平衡曲線と呼ばれている。点 C（647.3 K，21.8 MPa）より右では相の区別がなく臨界点と呼ばれる。点 C（273.16 K，610 Pa）は固相，液相，気相が同じ G 値をもつ三重点である（選択肢 **1** は正しい）。三重点（約 0℃，610 Pa）を基準にすれば，融解平衡曲線は右肩下がりの曲線であるから，10 MPa は，0 ℃以下になる（選択肢 **3** は誤り）。蒸発平衡曲線は，右肩上がりの曲線であるから温度上昇に伴って，飽和蒸気圧は高くなる（選択肢 **4** は正しい）。臨界点（647.3 K，21.8 MPa）より高温・高圧の領域では相の区別がなく，状態変化はしない（選択肢 **5** は正しい）。

硫化水素の液体は，ほぼ 2 分子の固まりで成り立っているのに対し，水は，6 分子以上の固まりで部分的な立体構造をつくっているため，見かけの分子量が，本来の分子量と較べてかなり大きい。このことが原因となって，水の沸点は，構造が似ている硫化水素の沸点（－60.7 ℃）よりかなり大きい（選択肢 **2** は正しい）。

問 20

図に示す結晶格子の格子面の面指数（ミラー指数）として，正しいものを一つ選べ。

1　(200)

2　(110)

3　(111)

4　(102)

5　(221)

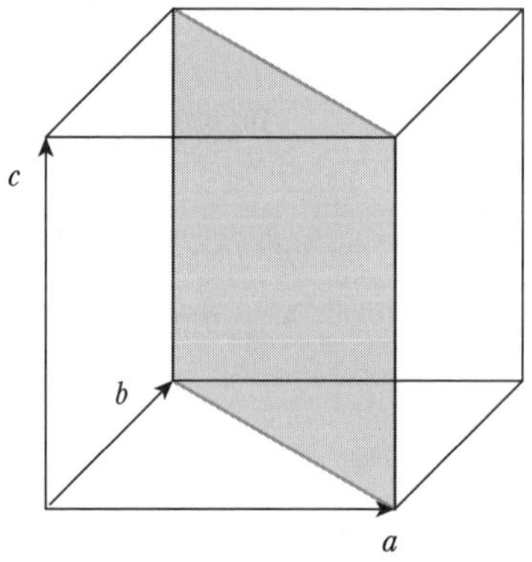

【題 意】 結晶格子の格子面の面指数（ミラー（Miller）指数）について基礎知識を問う。

【解 説】 空間格子の各格子点を含む平面を格子面という。格子面は，等間隔で平行である。これらの面が三つの軸 ***a***，***b*** および ***c*** の単位格子を切るとき，平行な面の中で最も原点に近い面が三つの軸を切る長さをそれぞれ，$\frac{a}{h}$，$\frac{b}{k}$，$\frac{c}{l}$ とすると，***h***，***k*** および ***l*** は整数となる。これをミラー指数という。一つの軸に平行なときはこの値は 0 になる。**図**の中で，***b*** および ***c*** 軸に平行な面が (100)，***c*** 軸に平行で底面の対角線で切った面が (110)，***a*** および ***b*** 軸の中点を通り，***c*** 軸を切った三角形の面が (221) を示す。

よって，選択肢 **2** が正しい。

【正 解】 **2**

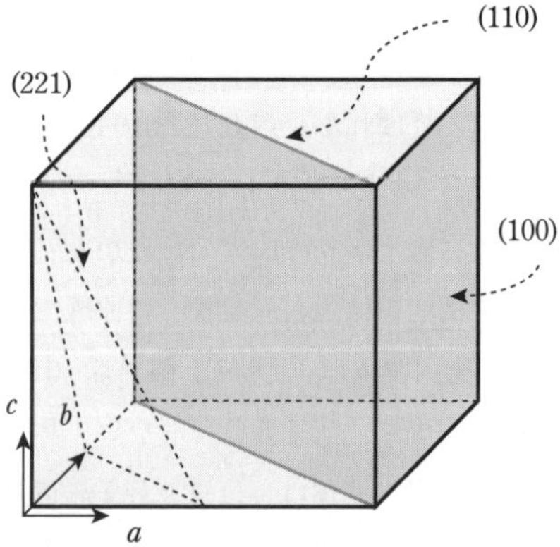

図　格子面とミラー指数の関係

【問】 21

硫酸酸性水溶液中での過マンガン酸カリウムとしゅう酸との反応式

$2KMnO_4 + x(COOH)_2 + 3H_2SO_4$

$\rightarrow 2MnSO_4 + K_2SO_4 + yCO_2 + zH_2O$

における係数x，yおよびzの和として，正しいものを一つ選べ。

1　19

2　21

3　23

4　25

5　27

〔題意〕 化学反応式において質量保存の法則を問う問題である。

〔解説〕 反応物と生成物の化学式がわかれば，化学反応式を書くことができる。つぎに係数を決めて釣り合いをとれば化学反応式が完成する。この際に，各元素について質量保存の法則を適用する。出題の化学反応式について，未知数x，yおよびzが含まれている元素について，質量保存の法則を適用して方程式を作成するとつぎのようになる。

C：$2x = y$

O：$8 + 4x + 12 = 8 + 4 + 2y + z$

H：$2x + 6 = 2z$

この3元一次方程式を解いて，x，yおよびzを求め，その和を算出すると$23(x + y + z = 5 + 10 + 8)$になる。

よって，選択肢**3**が正しい。

〔正解〕 **3**

問 22

20℃において，（ア）～（オ）の操作で沈殿を生じるものはいくつあるか。その数を**1**～**5**の中から一つ選べ。ただし，混合前の各水溶液の物質量濃度（モル濃度）は0.1 mol L^{-1}とし，過飽和は考えないこととする。

（ア）硫酸銅（Ⅱ）水溶液と水酸化ナトリウム水溶液の等量を混合する。

（イ）塩化ナトリウム水溶液と炭酸カリウム水溶液の等量を混合する。

（ウ）塩化カルシウム水溶液と炭酸ナトリウム水溶液の等量を混合する。

（エ）臭化カリウム水溶液と硝酸銀水溶液の等量を混合する。

（オ）塩化鉄（Ⅲ）水溶液とアンモニア水溶液の等量を混合する。

1　1個

2　2個

3　3個

4　4個

5　5個

題意　沈殿生成反応について基礎知識を問う。

正解　**4**

解説　沈殿が生成するのは，正負のイオンがたがいに強く引き合って，不溶性のイオン性固体を生成するためである。あるイオンの組合せが水に不溶性の化合物をつくるかは，イオン性化合物の溶解度に依存する。イオン性化合物の溶解度には明確な法則はないが，経験的な指針がある。以下に一般的な経験則を挙げるとともに代表的なイオン結晶の溶解性を**表**に示す。

1. F^- を除くハロゲン化物イオン（Cl^-・Br^-・I^-）は，Ag^+・Pb^{2+}・Hg_2^{2+} とは沈殿する。
2. SO_4^{2-} は，アルカリ土類金属イオン（Ca^{2+}・Sr^{2+}・Ba^{2+}）や Pb^{2+} とは沈殿する。
3. CO_3^{2-}・SO_3^{2-}・$C_2O_4^{2-}$・PO_4^{3-}・CrO_4^{2-}（多価の弱酸のイオン）の塩は，アルカリ金属イオンと NH_4^+ 以外とはほとんど沈殿する。
4. OH^- と O^{2-} の化合物（塩基と金属酸化物）は，イオン化傾向 Mg 以下の金属とはほとんど沈殿する。
5. S^{2-} と沈殿するか否かは，溶液の pH によって決まり，K^+，Ca^{2+}，Na^+，Mg^{2+}，Al^{3+} は，ほとんどの液性で沈殿しないが，Zn^{2+}，Fe^{2+}，Ni^{2+}，Mn^{2+} は，中性から塩基性で沈殿し，Sn^{2+}，Pb^{2+}，Cu^{2+}，Hg^{2+}，Ag^+，Cd^{2+} は，ほとんどの液性で沈殿する。
6. NO_3^-・CH_3COO^-・HCO_3^-・$H_2PO_4^-$・アルカリ金属イオン（Na^+ や K^+ など）・NH_4^+ の塩は，沈殿しにくい。

表　代表的なイオン結晶の溶解性

	NH_4^+	K^+	Ca^{2+}	Na^+	Mg^{2+}	Al^{3+}	Zn^{2+}	Fe^{2+}	Fe^{3+}	Ni^{2+}	Sn^{2+}	Pb^{2+}	Cu^{2+}	Hg^{2+}	Hg_2^{2+}	Ag^+
$CH_3CO_2^-$	○	○	○	○	○	○	○	○	○	○	○	○	○	○	○	○
NO_3^-	○	○	○	○	○	○	○	○	○	○	○	○	○	○	○	○
SO_4^{2-}	○	○	↓	○	○	○	○	○	○	○		↓	○			△
I^-	○	○	○	○	○	○	○	○	○	○	○	↓	○	○	↓	↓
Br^-	○	○	○	○	○	○	○	○	○	○	○	↓	○	○	↓	↓
Cl^-	○	○	○	○	○	○	○	○	○	○	○	↓	○	○	↓	↓
CO_3^{2-}	○	○	↓	○	↓		↓					↓	↓	↓		↓
S^{2-} 酸性	○	○	○	○	○	○	○	○		○	↓	↓	↓	↓		↓
S^{2-} 中性〜塩基性	○	○	○	○	○	↓	↓	↓		↓	↓	↓	↓	↓		↓
PO_4^{3-}	○	○	↓	○	↓		↓					↓	↓	↓		↓
OH^-	○	○	○	○	↓	↓	↓	↓	↓	↓	↓	↓	↓	↓		↓*

この表では，溶解度が0.01 mol/Lより小さい物質を不溶性として，↓と記載した。溶解度が0.1 mol/L以下で0.01 mol/L以上の物質を△で記載した。

＊：　銀（I）イオンAg^+と水酸化物イオンOH^-の反応では，生成する水酸化銀（I）AgOHは不安定であり，酸化銀（I）Ag_2O↓となり沈殿する。

以上の経験則を基にして，設問の化学反応により生成すると考えられる結晶塩を考察すると，（ア）の反応では，水酸化銅（Ⅱ）が沈殿する。（イ）の反応では，炭酸ナトリウムと塩化カリウムのいずれも沈殿しない。（ウ）の反応では，炭酸カルシウムが沈殿する。（エ）の反応では，臭化銀が沈殿する。（オ）の反応では，水酸化鉄（Ⅲ）が沈殿する。以上，（イ）の反応を除いて生成結晶塩は沈殿する。

問 23

次の記述の下線部（ア）～（エ）に関する正誤の組合せの中から，正しいものを一つ選べ。

ダニエル電池

Zn | $ZnSO_4$ ($a = 0.01$) || $CuSO_4$ ($a = 1$) | Cu（a：活量）が放電するとき，正極の(ア)銅電極では(イ)酸化反応が起こる。このとき，25℃におけるこの電池の初期の起電力は，標準起電力(ウ)1.10 Vよりも(エ)大きくなる。ただし，$Zn^{2+} + 2e^- \rightleftarrows Zn$ および $Cu^{2+} + 2e^- \rightleftarrows Cu$ の標準電極電位は，25℃でそれぞれ -0.763 V および $+0.337$ V であり，液間電位は無視できるものとする。

	（ア）	（イ）	（ウ）	（エ）
1	正	正	誤	誤
2	誤	誤	正	正
3	正	誤	正	誤
4	誤	正	正	誤
5	正	誤	正	正

【題 意】 ネルンストの式を用いて非標準状態における起電力について問う。

【解 説】 ダニエル電池の酸化還元反応を一般式で表すと，式 (1) となり，この起電力 E は式 (2) で示される。

$$\mathrm{Zn\,(s) + Cu^{2+}\,(aq) \rightleftharpoons Zn^{2+}\,(aq) + Cu\,(s)} \tag{1}$$

$$E = E^\circ - \frac{RT}{nF} \ln \frac{a\,(\mathrm{Zn}^{2+}) \cdot a\,(\mathrm{Cu})}{a\,(\mathrm{Cu}^{2+}) \cdot a\,(\mathrm{Zn})}$$

$$= E^\circ - \frac{RT}{nF} \ln \frac{a\,(\mathrm{Zn}^{2+})}{a\,(\mathrm{Cu}^{2+})} \tag{2}$$

ここで，$a\,(\mathrm{M})$：M の活量であり，固体は平衡から除外される。$a\,(\mathrm{M}^{n+})$：M^{n+} の活量，R：気体定数（8.314 kJ・mol・K），F：ファラデー定数，E°：標準電極電位〔V〕である。

この式で $n = 2$（Zn から $\mathrm{Cu^{2+}}$ へ電子が移動するので，銅電極では還元反応が起きる）であり，標準電極電位は，$0.337 - (-0.763) = 1.10$ V であるから，298 K（25℃）におけるネルンストの式は，次式のとおりである。

$$E = 1.10\mathrm{V} - \frac{0.059\,2}{2} \log \frac{\mathrm{a\,(Zn^{2+})}}{\mathrm{a\,(Cu^{2+})}} \tag{3}$$

設問の活量を代入して起電力を計算すると

$$E = 1.10\mathrm{V} - \frac{0.059\,2}{2} \log \frac{0.01}{1}$$

$$= 0.01 - \frac{0.059\,2}{2} \times (-2) = 1.159\,2 \tag{4}$$

となる。一般に，反応物の濃度が増加するか，生成物の濃度が低下すれば，反応の駆動力が増大し，結果として起電力は高くなる。

したがって，正誤の組合せの中で，正しい組合せは選択肢 **5** が該当する。

正 解 5

問 24

メタン，アセチレン，ブタンをそれぞれ1g燃焼させるのに必要な酸素量の多い順として，正しいものを一つ選べ。なお，燃焼は化学量論的に進み，生成物は二酸化炭素と水のみとする。また，炭素，水素，酸素の原子量をそれぞれ12，1，16とする。

1 メタン ＞ アセチレン ＞ ブタン

2 メタン ＞ ブタン ＞ アセチレン

3 アセチレン ＞ ブタン ＞ メタン

4 ブタン ＞ メタン ＞ アセチレン

5 ブタン ＞ アセチレン ＞ メタン

題 意 炭化水素の酸化反応における必要な酸素の消費量を求める計算問題である。

解 説 メタン，アセチレンおよびブタンの酸化反応式はそれぞれ次式のとおりである。

$$CH_4 + 2O_2 \longrightarrow CO_2 + 2H_2O$$

$$C_2H_2 + \frac{5}{2}O_2 \longrightarrow 2CO_2 + H_2O$$

$$C_4H_{10} + \frac{13}{2}O_2 \longrightarrow 4CO_2 + 5H_2O$$

それぞれの炭化水素1gのモル数を分子量から求め，完全燃焼に必要な酸素のモル数を算出すると

$$\text{メタン：}\frac{1}{12+4} \times 2\,[\mathrm{mol}] = 0.125\,[\mathrm{mol}]$$

$$\text{アセチレン：}\frac{1}{12 \cdot 2 + 2} \times \frac{5}{2}\,[\mathrm{mol}] = 0.096\,[\mathrm{mol}]$$

$$\text{ブタン：}\frac{1}{12 \cdot 4 + 10} \times \frac{13}{2}\,[\mathrm{mol}] = 0.112\,[\mathrm{mol}]$$

となる。よって，必要な酸素の多い順は，メタン＞ブタン＞アセチレンとなるので，

選択肢 **2** が該当する。

【正　解】 **2**

問 25

塩素には質量数35と37の安定同位体（^{35}Cl，^{37}Cl）が存在するため，塩素分子（Cl_2）は $^{35}Cl^{35}Cl$，$^{35}Cl^{37}Cl$，$^{37}Cl^{37}Cl$ の三つの分子種からなる。^{35}Cl と ^{37}Cl の存在比が3：1である場合の各分子種のモル比（$^{35}Cl^{35}Cl$：$^{35}Cl^{37}Cl$：$^{37}Cl^{37}Cl$）として，正しいものを一つ選べ。

1　1：2：1

2　3：2：1

3　6：3：1

4　9：3：1

5　9：6：1

【題　意】　塩素の安定同位体を考慮した分子量の存在比を問う。

【解　説】　安定同位体を考慮した塩素分子の分子量の存在比は，次式のとおりである。

$$^{35}Cl \cdot {}^{35}Cl = \frac{3}{4} \times \frac{3}{4} = \frac{9}{16}$$

$$^{35}Cl \cdot {}^{37}Cl = \frac{3}{4} \times \frac{1}{4} = \frac{3}{16}$$

$$^{37}Cl \cdot {}^{35}Cl = \frac{1}{4} \times \frac{3}{4} = \frac{3}{16}$$

$$^{37}Cl \cdot {}^{37}Cl = \frac{1}{4} \times \frac{1}{4} = \frac{1}{16}$$

$$^{35}Cl \cdot {}^{35}Cl : {}^{35}Cl \cdot {}^{37}Cl : {}^{37}Cl \cdot {}^{37}Cl$$

$$= 9 : (3 + 3) : 9 : 6 : 1$$

よって，選択肢 **5** が該当する。

【正　解】 **5**

1.3　第70回（令和元年12月実施）

問 1

環境基本法第16条に規定する「環境基準」に該当しないものを次の中から一つ選べ。

1　大気の汚染

2　振動

3　土壌の汚染

4　水質の汚濁

5　騒音

【題意】　環境基本法第16条の環境基準の内容について問う。

【解説】　環境基本法第16条に

第十六条　政府は，大気の汚染，水質の汚濁，土壌の汚染及び騒音に係る環境上の条件について，それぞれ，人の健康を保護し，及び生活環境を保全する上で維持されることが望ましい基準を定めるものとする。

二　前項の基準が，二以上の類型を設け，かつ，それぞれの類型を当てはめる地域又は水域を指定すべきものとして定められる場合には，その地域又は水域の指定に関する事務は，次の各号に掲げる地域又は水域の区分に応じ，当該各号に定める者が行うものとする。

一　二以上の都道府県の区域にわたる地域又は水域であって政令で定めるもの　政府

二　前号に掲げる地域又は水域以外の地域又は水域　次のイ又はロに掲げる地域又は水域の区分に応じ，当該イ又はロに定める者

イ　騒音に係る基準（航空機の騒音に係る基準及び新幹線鉄道の列車の騒音に係る基準を除く。）の類型を当てはめる地域であって市に属するもの　その地域が属する市の長

ロ　イに掲げる地域以外の地域又は水域　その地域又は水域が属する都道府県の知事

三　第一項の基準については，常に適切な科学的判断が加えられ，必要な改定がな

されなければならない。

四　政府は，この章に定める施策であって公害の防止に関係するもの（以下「公害の防止に関する施策」という。）を総合的かつ有効適切に講ずることにより，第一項の基準が確保されるように努めなければならない。

と規定されている。

振動については，環境基準は定められていないが，振動規制法において，「都道府県知事が道路交通振動についてその測定レベルが一定の限度を超え，道路周辺の生活環境が著しく損なわれていると認めるときは，道路管理者に対し，道路交通振動の防止のため舗装，維持又は修繕の措置を要請し，又は都道府県公安委員会に対し，道路交通法の規定による措置をとるべきことを要請すること」とされている。

よって，「環境基準」に該当しないものは，選択肢**2**の「振動」である。

【正 解】 2

【問】 2

大気汚染防止法第4条第1項において，条例で，大気汚染防止法第3条第1項の排出基準で定める許容限度よりきびしい許容限度を定めることができない物質を次の中から一つ選べ。

1　カドミウム

2　ばいじん

3　弗素

4　いおう酸化物

5　塩素

【題 意】 大気汚染防止法第3および4条に規定されている「排出基準」で定める許容限度について問う。

【解 説】 大気汚染防止法第2条1項，第3条，4条第1項および施行令1条に

第二条　この法律において「ばい煙」とは，次の各号に掲げる物質をいう。

一　燃料その他の物の燃焼に伴い発生するいおう酸化物

二　燃料その他の物の燃焼又は熱源としての電気の使用に伴い発生するばいじん

三　物の燃焼，合成，分解その他の処理（機械的処理を除く。）に伴い発生する物質

のうち，カドミウム，塩素，弗化《ふっか》水素，鉛その他の人の健康又は生活環境に係る被害を生ずるおそれがある物質（第一号に掲げるものを除く。）で政令で定めるもの

（以下省略）

第三条　ばい煙に係る排出基準は，ばい煙発生施設において発生するばい煙について，環境省令で定める。

二　前項の排出基準は，前条第一項第一号のいおう酸化物（以下単に「いおう酸化物」という。）にあつては第一号，同項第二号のばいじん（以下単に「ばいじん」という。）にあつては第二号，同項第三号に規定する物質（以下「有害物質」という。）にあつては第三号又は第四号に掲げる許容限度とする。

一　いおう酸化物に係るばい煙発生施設において発生し，排出口から大気中に排出されるいおう酸化物の量について，政令で定める地域の区分ごとに排出口の高さ（環境省令で定める方法により補正を加えたものをいう。以下同じ。）に応じて定める許容限度

二　ばいじんに係るばい煙発生施設において発生し，排出口から大気中に排出される排出物に含まれるばいじんの量について，施設の種類及び規模ごとに定める許容限度

三　有害物質（次号の特定有害物質を除く。）に係るばい煙発生施設において発生し，排出口から大気中に排出される排出物に含まれる有害物質の量について，有害物質の種類及び施設の種類ごとに定める許容限度

四　燃料その他の物の燃焼に伴い発生する有害物質で環境大臣が定めるもの（以下「特定有害物質」という。）に係るばい煙発生施設において発生し，排出口から大気中に排出される特定有害物質の量について，特定有害物質の種類ごとに排出口の高さに応じて定める許容限度

三　環境大臣は，施設集合地域（いおう酸化物，ばいじん又は特定有害物質に係るばい煙発生施設が集合して設置されている地域をいう。）の全部又は一部の区域における当該ばい煙発生施設において発生し，大気中に排出されるこれらの物質により政令で定める限度をこえる大気の汚染が生じ，又は生ずるおそれがあると認めるときは，環境省令で，当該全部又は一部の区域を限り，その区域に新たに設置される当該ばい煙発生施設について，第一項の排出基準（次条第一項の規定により排出基準が定められた場合にあつては，その排出基準）にかえて適用すべき

特別の排出基準を定めることができる。

四　第二項（同項第三号を除く。）の規定は，前項の排出基準について準用する。

五　環境大臣は，第一項の規定によりいおう酸化物に係る排出基準を定め，又は第三項の規定により排出基準を定めようとするときは，関係都道府県知事の意見をきかなければならない。これを変更し，又は廃止しようとするときも，同様とする。

第四条　都道府県は，当該都道府県の区域のうちに，その自然的，社会的条件から判断して，ばいじん又は有害物質に係る前条第一項又は第三項の排出基準によつては，人の健康を保護し，又は生活環境を保全することが十分でないと認められる区域があるときは，その区域におけるばい煙発生施設において発生するこれらの物質について，政令で定めるところにより，条例で，同条第一項の排出基準にかえて適用すべき同項の排出基準で定める許容限度よりきびしい許容限度を定める排出基準を定めることができる。

二　前項の条例においては，あわせて当該区域の範囲を明らかにしなければならない。

三　都道府県が第一項の規定により排出基準を定める場合には，当該都道府県知事は，あらかじめ，環境大臣に通知しなければならない。

大気汚染防止法施行令

（有害物質）

第一条　大気汚染防止法（以下「法」という。）第二条第一項第三号の政令で定める物質は，次に掲げる物質とする。

一　カドミウム及びその化合物

二　塩素及び塩化水素

三　弗素，弗化水素及び弗化珪素

四　鉛及びその化合物

五　窒素酸化物

と記載され，当該許容限度より厳しい許容限度を定める排出基準をいわゆる上乗せ排出基準という（4 条 1 項）。これは，一般排出基準，特別排出基準では大気汚染防止が不十分な地域において，都道府県が条例によって定めるより厳しい基準であり，ばいじんおよび有害物質に対して規定されており，いおう酸化物および特定有害物質は対象から除かれている。有害物質は，大気汚染防止法施行令第 1 条に規定されており，ふっ化水素以外にふっ素やふっ化けい素が規定されている。

よって，上乗せ排出基準の対象からいおう酸化物は除外されているので，選択肢 **4** が該当する。

【正 解】 **4**

問 3

大気汚染防止法第 15 条に規定される燃料の使用に関する記述の（ア）～（オ）に入る語句のうち，誤っているものを一つ選べ。

第十五条　[(ア)]は，いおう酸化物に係るばい煙発生施設で[(イ)]燃料の使用量に著しい変動があるものが[(ウ)]として政令で定める地域に係るいおう酸化物による著しい大気の汚染が生じ，又は生ずるおそれがある場合において，当該地域におけるいおう酸化物に係るばい煙発生施設において発生するいおう酸化物を大気中に排出する者が，当該ばい煙発生施設で[(エ)]に適合しない燃料の使用をしていると認めるときは，その者に対し，期間を定めて，[(エ)]に従うべきことを[(オ)]。

1　（ア）都道府県知事

2　（イ）天候により

3　（ウ）密集して設置されている地域

4　（エ）燃料使用基準

5　（オ）勧告することができる

【題 意】 大気汚染防止法第 15 条（季節による燃料の使用に関する措置）について，条文の内容を問う。

【解 説】 大気汚染防止法第 15 条に

（季節による燃料の使用に関する措置）

第十五条　(ア)都道府県知事は，いおう酸化物に係るばい煙発生施設で(イ)季節により燃料の使用量に著しい変動があるものが(ウ)密集して設置されている地域として政令で定める地域に係るいおう酸化物による著しい大気の汚染が生じ，又は生ずるおそれがある場合において，当該地域におけるいおう酸化物に係るばい煙発生施設において発生するいおう酸化物を大気中に排出する者が，当該ばい煙発生施設で(エ)燃料使用基準に適合しない燃料の使用をしていると認めるときは，その者に対し，期間を定めて，(エ)燃料使用基準に従うべきことを(オ)勧告することができる。

よって，選択肢 **2** が誤っている。

正 解　**2**

問 4

水質汚濁防止法第 14 条に規定される排出水の汚染状態の測定等に関する記述の（ア）～（オ）に入る文章 A ～ E の組合せのうち，正しいものを一つ選べ。

第十四条　排出水を排出し，又は特定地下浸透水を浸透させる者は，環境省令で定めるところにより，当該排出水又は特定地下浸透水の (ア) 。

2　総量規制基準が適用されている指定地域内事業場から排出水を排出する者は，環境省令で定めるところにより，当該排出水の (イ) 。

3　前項の指定地域内事業場の設置者は，あらかじめ，環境省令で定めるところにより， (ウ) 。

4　排出水を排出する者は，当該公共用水域の水質の汚濁の状況を考慮して， (エ) 。

5　有害物質使用特定施設を設置している者又は有害物質貯蔵指定施設を設置している者は，当該有害物質使用特定施設又は有害物質貯蔵指定施設について，環境省令で定めるところにより， (オ) 。

A：当該特定事業場の排水口の位置その他の排出水の排出の方法を適切にしなければならない。

B：定期に点検し，その結果を記録し，これを保存しなければならない。

C：汚濁負荷量の測定手法を都道府県知事に届け出なければならない。届出に係る測定手法を変更するときも，同様とする。

D：汚濁負荷量を測定し，その結果を記録し，これを保存しなければならない。

E：汚染状態を測定し，その結果を記録し，これを保存しなければならない。

1　ア－A，イ－D，ウ－E，エ－B，オ－C

2　ア－D，イ－C，ウ－B，エ－E，オ－A

3　ア－E，イ－D，ウ－C，エ－A，オ－B

4　ア－D，イ－E，ウ－C，エ－B，オ－A

5　ア－C，イ－E，ウ－B，エ－A，オ－D

【題意】 水質汚濁防止法第 14 条の条文内容について問う。

【解説】 水質汚濁防止法第 14 条に

（排出水の汚染状態の測定等）

第十四条　排出水を排出し，又は特定地下浸透水を浸透させる者は，環境省令で定めるところにより，当該排出水又は特定地下浸透水の(ア)汚染状態を測定し，その結果を記録し，これを保存しなければならない。

二　総量規制基準が適用されている指定地域内事業場から排出水を排出する者は，環境省令で定めるところにより，当該排出水の(イ)汚濁負荷量を測定し，その結果を記録し，これを保存しなければならない。

三　前項の指定地域内事業場の設置者は，あらかじめ，環境省令で定めるところにより，(ウ)汚濁負荷量の測定手法を都道府県知事に届け出なければならない。届出に係る測定手法を変更するときも，同様とする。

四　排出水を排出する者は，当該公共用水域の水質の汚濁の状況を考慮して，(エ)当該特定事業場の排水口の位置その他の排出水の排出の方法を適切にしなければならない。

五　有害物質使用特定施設を設置している者又は有害物質貯蔵指定施設を設置している者は，当該有害物質使用特定施設又は有害物質貯蔵指定施設について，環境省令で定めるところにより，(オ)定期に点検し，その結果を記録し，これを保存しなければならない。

と記載されている。よって，選択肢 **3** の組合せが正しい。

【正解】 **3**

問 5

次の **1** ～ **5** の記述の中から，水質汚濁防止法第１条（目的）に規定されていないものを一つ選べ。

1 健全な水循環を維持し，又は回復するための施策を包括的に推進すること。

2 工場及び事業場から排出される汚水及び廃液に関して人の健康に係る被害が生じた場合における事業者の損害賠償の責任について定めること。

3 地下に浸透する水の浸透の規制。

4 生活排水対策の実施を推進。

5 工場及び事業場から公共用水域に排出される水の排出の規制。

題意 水質汚濁防止法第１条の条文内容について問う。

解説 水質汚濁防止法第１条に

（目的）

第一条　この法律は，工場及び事業場から公共用水域に排出される水の排出及び地下に浸透する水の浸透を規制するとともに，生活排水対策の実施を推進すること等によつて，公共用水域及び地下水の水質の汚濁（水質以外の水の状態が悪化することを含む。以下同じ。）の防止を図り，もつて国民の健康を保護するとともに生活環境を保全し，並びに工場及び事業場から排出される汚水及び廃液に関して人の健康に係る被害が生じた場合における事業者の損害賠償の責任について定めることにより，被害者の保護を図ることを目的とする。

と記載され，目的内容をまとめると，つぎのようになる。

① 工場及び事業場から公共用水域に排出される水の排出を規制すること

② 地下に浸透する水の浸透を規制すること

③ 生活排水対策の実施を推進すること等によつて，公共用水域及び地下水の水質の汚濁（水質以外の水の状態が悪化することを含む。以下同じ。）の防止を図ること

④ 国民の健康を保護するとともに生活環境を保全すること

⑤ 工場及び事業場から排出される汚水及び廃液に関して人の健康に係る被害が生じた場合における事業者の損害賠償の責任について定めることにより，被害者の保

　護を図ること

と記載されている。よって，選択肢**1**に記載された「健全な水循環を維持し，又は回復するための施設を包括的に推進すること」については規定されていないので，これが該当する。

【正 解】 **1**

問 6

原子の電子配置は次の例のように表される。

例：ほう素原子（原子番号5）の電子配置

$1s^{2}2s^{2}2p^{1}$

クロム原子（原子番号24）の基底状態の電子配置として，正しいものを**1**～**5**の中から一つ選べ。

1　$1s^{2}2s^{2}2p^{6}3s^{2}3p^{6}3d^{6}$

2　$1s^{2}2s^{2}2p^{6}3s^{2}3p^{6}3d^{5}4s^{1}$

3　$1s^{2}2s^{2}2p^{6}3s^{2}3p^{6}3d^{4}4s^{2}$

4　$1s^{2}2s^{2}2p^{6}3s^{2}3p^{6}4s^{1}4p^{5}$

5　$1s^{2}2s^{2}2p^{6}3s^{2}3p^{6}4s^{2}4p^{4}$

【題 意】 Cr原子の電子配置の特殊性について基礎知識を問う。

【解 説】 電子のとり得る軌道は主量子数n，方位量子数l，磁気量子数mの三つによって規定される。

① 主量子数nは軌道の大きさとエネルギーを決定している。1, 2, 3, …と整数値をとり，これは電子殻K殻，L殻，M殻，… に対応している。

② 方位量子数lは軌道の形を決定している。0, 1, 2, …, $n-1$の整数値をとる。これはs軌道，p軌道，d軌道，f軌道，g軌道，… に対応している。

③ 磁気量子数mは各軌道を決定している。$-l, -l+1, .\cdots 0, \cdots, l-1, l$の整数値をとる。

水素のような1電子系では電子のもつエネルギーは主量子数nによってのみ決まるが，一般に原子は多電子系であり，電子同士の反発により各軌道のエネルギーに差が生じる。方位量子数 l が大きくなるほど軌道は原子核から遠くに分布するため，電子間相互作用の影響が大きくなる。したがって，多電子系の電子軌道は 1s → 2s → 2p → 3s → 3p → 4s → 3d → 4p → 5s → 4d → 5p → 6s → 4f →…の順にエネルギーが高くなり，この順に電子が配置されていく。ただし，d 電子の充塡などではスピン間相互作用の寄与も入ってくるため，この規則に従わない場合もある。

この法則に従わない不規則性をもった原子として，例えば，クロム（原子番号 24）と銅（原子番号 29）の原子の電子配置（Cr；$1s^2 2s^2 2p^6 3s^2 3p^6 4s^1 3d^5$，Cu；$1s^2 2s^2 2p^6 3s^2 3p^6 4s^1 3d^{10}$）がある。4s 軌道と 3d 軌道の順番は原則的には 4s＜3d であるが，そのエネルギー差は小さいので，3d 電子の配置による安定性によって，4s 軌道のほうがエネルギー的に高く，不安定になる場合がある。すなわち，4s 軌道にスピンを逆向きにして 2 個入るより，3d に 5 個スピンを同じ向きにして入るほうが安定になるということである。同様にして，4s 軌道にスピンを逆向きにして 2 個入るより，3d に 10 個スピンを逆向きにして入るほうが安定になる。したがって，Cr の一つ前の V（バナジウム）の電子配置は $1s^2 2s^2 2p^6 3s^2 3p^6 4s^2 3d^3$ であるが，追加される 1 個の電子は，$3d^5$ になるように $4s^2$ から 1 個遷移することになり，Cr の電子配置は $4s^1 3d^5$ となる。よって，選択肢 **2** が正しい。

正解 **2**

問 7

0.10 mol L^{-1} 酢酸水溶液 75 mL と 0.10 mol L^{-1} 水酸化ナトリウム水溶液 25 mL を混合して緩衝液を調製した。この緩衝液の pH は幾らか。次の中から最も近いものを一つ選べ。ただし，酢酸の pK_a は 4.75 とする。なお，$pK_a = -\log_{10} K_a$（K_a：酸解離定数）である。また，必要ならば $\log_{10} 2 = 0.30$ を用いよ。

1　4.15

2　4.45

3　4.75

4　5.05

5　5.35

【題 意】 弱酸の緩衝液の pH を求める計算問題である。

【解 説】 ある溶液に酸または塩基を加えたとき，または水で希釈したとき，その溶液の pH がほとんど変化しないような溶液を緩衝液といい，この性質を緩衝能という。例えば，酢酸-酢酸ナトリウムのようにたがいに共役であるような一対の酸塩基を含む溶液である。緩衝液に含まれる酸と塩基との比が 1 対 1 であるとき，その緩衝能力は最大となる。また，酸とその共役塩基の濃度が高いほど緩衝能力が大きい。

例えば，酢酸の濃度を C_a〔mol/L〕，酢酸ナトリウムの濃度を C_b〔mol/L〕として，酢酸-酢酸ナトリウムの緩衝液の pH を求める。

$$CH_3COOH \underset{}{\overset{K_a}{\rightleftarrows}} CH_3COO^- + H^+ \tag{1}$$

$$CH_3COO^- + H_2O \underset{}{\overset{K_b}{\rightleftarrows}} CH_3COOH + OH^- \tag{2}$$

$$K_a = \frac{[CH_3COO^-][H^+]}{[CH_3COOH]} \tag{3}$$

$$K_b = \frac{[CH_3COOH][OH^-]}{[CH_3COO^-]} \tag{4}$$

物質均衡

$$C_a + C_b = [CH_3COOH] + [CH_3COO^-] \tag{5}$$

$$C_b = [Na^+] \tag{6}$$

電荷均衡より

$$[Na^+] + [H^+] = [CH_3COO^-] + [OH^-] \tag{7}$$

式 (3) ～ (6) より

$$K_a = \frac{[H^+]\{C_b + ([H^+] - [OH^-])\}}{C_a - ([H^+] - [OH^-])} \tag{8}$$

$C_a \gg ([H^+] - [OH^-])$，$C_b \gg ([H^+] - [OH^-])$ を用いて近似すると

$$[H^+] = K_a \cdot \frac{C_a}{C_b} \tag{9}$$

$$pH = -\log[H^+] = pK_a - \log\frac{C_a}{C_b} \tag{10}$$

設問より，酢酸と水酸化ナトリウムの中和反応により，酢酸ナトリウムが絶対量で 2.5 mmol 生成し，未反応の酢酸が 5.0 mmol 残存する。式 (10) を用いて，これらの数値を代入して，緩衝液の pH を求めると

$$pH = 4.75 - \log \frac{\frac{5.50}{1\,000}\,\mathrm{mol} \times \frac{1}{(0.075+0.025)\,\mathrm{L}}}{\frac{2.50}{1\,000}\,\mathrm{mol} \times \frac{1}{(0.075+0.025)\,\mathrm{L}}}$$

$$= 4.75 - \log \frac{50}{25} = 4.75 - 0.30 = 4.45$$

となる。

【正　解】 **2**

問 8

$1.0 \times 10^{-3}\,\mathrm{mol\,L^{-1}}$ の $MgSO_4$ 水溶液に塩基を加えて pH を上昇させたとき，$Mg(OH)_2$ の沈殿が生じ始める pH は幾らか。次の中から最も近いものを一つ選べ。

ただし，塩基を加えたときの水溶液の体積変化は無視できるものとする。また，$Mg(OH)_2$ の溶解度積を $[Mg^{2+}][OH^-]^2 = 1.0 \times 10^{-11}(\mathrm{mol\,L^{-1}})^3$ とする。

1　8

2　9

3　10

4　11

5　12

【題　意】　溶解度積を扱った計算問題である。

【解　説】　添加する塩基を水酸化ナトリウムと仮定すると，設問の塩の生成反応式は次式のとおりである。

$$MgSO_4 + 2NaOH \rightleftarrows Mg(OH)_2\downarrow + Na_2SO_4$$

ここで，水酸化マグネシウムは，溶解度積を超える点を境にして結晶塩として沈殿する。いま，1.0×10^{-3} mol/L の硫酸マグネシウム 1 L に x〔mol〕の水酸化ナトリウムを体積が無視できる水溶液で添加したとき，結晶塩が沈殿し始めたとすると次式が成立する。

$$[Mg^{2+}][OH^-]^2 = 1.0 \times 10^{-3} \times x^2 = 1.0 \times 10^{-11}$$

$$\therefore\quad x^2 = 10^{-8} \qquad x = 10^{-4}\,〔\mathrm{mol/L}〕$$

$$\mathrm{pH} = 14 - \mathrm{pOH} = 14 - \log\frac{1}{10^{-4}} = 14 - 4 = 10$$

よって，沈殿が生じ始める pH は，10 であり，選択肢 **3** が該当する。

【正 解】 **3**

問 9

ベンゼンでは 6 個の等価な炭素原子が，炭素原子 1 個あたり 3 個の価電子を互いに共有した環構造を形成するので，炭素-炭素原子間で共有される電子の数をベンゼン分子全体で平均すると 3 個となる。**1** ～ **5** の物質中の結合に関して，二原子間で共有される電子の平均の数がベンゼンの炭素-炭素原子間と同じものを一つ選べ。

1　グラファイトの炭素-炭素原子間

2　ダイヤモンドの炭素-炭素原子間

3　ポリエチレンの炭素-炭素原子間

4　酸素分子の酸素-酸素原子間

5　オゾンの酸素-酸素原子間

【題 意】 分子の共有結合に用いられる価電子について基礎知識を問う。

【解 説】 価電子数（原子価電子数）とは，原子内の最外殻の電子殻を回っている電子の数のことである。ただし，最外殻電子がその電子殻の最大収容数の場合，または最外殻電子数が 8 個の場合，価電子数は 0 とする。二つの原子が価電子を 1 個ずつ出し合って共有する結合を共有結合という。

原子の最外殻電子の数が 8 個あると化合物やイオンが安定に存在するという経験則をオクテット則（オクテット説）という。第二周期の元素や第三周期のアルカリ金属，アルカリ土類金属までにしか適用できないが，多くの有機化合物に適用できる。周期表中，縦の列に並ぶ元素をまとめて元素の族という。同じ族に属する元素は同族元素と呼び，番号または名称を付けて表す。すなわち長周期型周期表では，最外殻の原子価電子の配置が同じタイプの元素がくり返し出現して縦に並ぶように配列されている。**表 1** に同族元素の最外殻電子数および価電子数を示す。

表 1　同族元素の最外殻電子数および価電子数

族（元素）	最外殻電子数	価電子数
第 1 族（Ⅰ）（アルカリ金属）	1	1
第 2 族（Ⅱ）（アルカリ土類金属）	2	2
第 3 族～第 12 族（遷移金属）	3 ～ 12	2 ～ 7
第 13 族（Ⅲ）（ホウ素族）	3	3
第 14 族（Ⅳ）（炭素族）	4	4
第 15 族（Ⅴ）（プニクトゲンまたは窒素族）	5	5
第 16 族（Ⅵ）（カルコゲンまたは酸素族）	6	6
第 17 族（Ⅶ）（ハロゲン）	7	7
第 18 族（Ⅷ or 0）（希ガス）	8	0

原子が化合物や結晶等を構成するとき，それらの化学結合や物性は，その原子内の核外電子が影響する。原子内の電子軌道を回る電子には，化学結合や物性に影響を与えるものと，ほとんど関係しないものがある。化学結合や物性に関わる電子（価電子）は，原子内の最外殻など外側を回っている。逆に，原子核に近い軌道にある電子（内殻電子）は，通常の物性や化学結合に寄与することはほとんどない。

結合次数（order of a bond）とは，原子ペア間の結合の強さや安定性を表す用語であり，この数字が大きいほど結合が強く，ゼロのときは結合していない状態であり，単体となる。すなわち，分子中の二つの原子が共有する結合電子対の数をいい，原子間（原子ペア）の価電子数が影響する。一対の原子の間に一重共有結合だけがある場合，使用される価電子は 2 個で，結合次数は 1 であり，単結合となる。エチレン C_2H_4 の C＝C 結合のように，二つの原子間で二つの対が共有されると使用される価電子は 4 個で，結合次数は 2 であり，二重結合となる。アセチレンの炭素-炭素結合，一酸化炭素 CO の炭素-酸素結合，およびシアニドイオン CN^- の炭素-窒素結合のように，二つの原子が 3 本の結合で繋がれると使用される価電子は 6 個で，結合次数は 3 であり，三重結合である。結合次数は整数とは限らず，共鳴構造をもつ分子やイオンの場合は，端数をもつ場合がある。例えば，非局在化された 6 個の π 電子を含むベンゼン分子では，C-C 間の π 結合は本質的に 0.5 となる。これに σ 結合を合わせると 1.5 となる。

分子軌道理論（MO 理論）では，結合性電子の数と反結合性電子の数を区別して式 (1) のような公式を定義している。

$$\text{結合次数} = \frac{(\text{結合性軌道の電子数}：\boldsymbol{n}) - (\text{反結合性軌道の電子数}：\boldsymbol{n}^*)}{2} \quad (1)$$

結合次数は，原子 1 個当りの共有価電子数に相当し，また，結合次数の 2 倍は，原子ペア間（原子-原子間）の共有価電子数の合計に相当する。例えば，O_2 分子の二つの O 原子は，原子軌道のままの結合のほうが，混成軌道を用いた結合より系のエネルギーが低いため，混成軌道を経ずに結合している。二つの O 原子の 2p 原子軌道間を用いた結合である。2p 軌道は，2px，2py，2pz の三つの軌道があり，2p 軌道で 1 本の σ 型結合と 2 個の π 型結合が生じる。分子軌道論における正味の共有結合性を簡単に決めるために，結合次数が用いられる。結合次数は，{(結合性軌道の電子数) − (反結合性軌道の電子数)}/2 で求めることができるから，結合性分子軌道にある電子数（酸素分子の場合は σ2s，σ2px，π2py，π2pz の 8 個（＝2 個 ×4））と反結合性分子軌道の電子数（酸素分子の場合は σ^*2s（2 個）σ^*2px（0 個），π^*2py（1 個），π^*2pz（1 個）に含まれる 4 個）の差（酸素の場合は，8 − 4 ＝ 4 個）の半分である。したがって，酸素分子の場合は，結合次数 2（＝4/2）となる（二重結合）。すなわち，酸素原子 1 個当りの共有価電子数は 2 個であり，酸素原子ペア間の共有価電子数は 4 個になる。

炭素の場合は，3 種類の混成軌道（sp 混成軌道，sp^2 混成軌道および sp^3 混成軌道）をとる。酸素分子と同様にして，炭素-炭素の結合次数は，{(結合性軌道の電子数) − (反結合性軌道の電子数)}/2 で求めることができるから，結合性分子軌道にある電子数（四つの等価な sp^3 混成軌道の炭素分子の場合は，σ2s，σ2px，σ2py，σ2pz の 8 個（＝2 個 ×4）と反結合性分子軌道の電子数（四つの等価な sp^3 混成軌道の炭素分子の場合は，σ^*2s（0 個），σ^*2px（0 個），σ^*2py（0 個）σ^*2pz（0 個）に含まれる 0 個）の差である 8 個（＝8 − 0）の半分である 4 個（＝(8 − 0)/2）となる。また，炭素原子 1 個当りの共有価電子数は 4 個である。実際には炭素-炭素四重結合は存在しないが，仮想的に，炭素原子ペア間の共有価電子数は 8 個になる。これらは，他の混成軌道の場合も同様に結合次数は 4 であり，炭素原子 1 個当りの共有価電子数は 4 個である。

設問のベンゼンの場合，分子式は C_6H_6 であるから，炭素の共有価電子数の合計 24（＝4 × 6）個の内，水素原子との σ 結合に 6 個使用されて，残りの計 18 個の価電子が炭素原子 6 個からなる 6 員環に使用されている。よって，ベンゼン分子に炭素-炭素原子間が 6 個あるので，全体で平均すると，炭素原子ペア間の共有価電子数は，3（＝18/6）個になる（結合次数は 1.5 であり，1.5 重結合）。

・グラファイト，黒鉛（graphite）

グラファイトは，炭素原子が sp^2 混成軌道で結合した平面の正六角形が連なった層状構造をしている（**図1**(a)）。すなわち，1個の炭素が4個の共有価電子の内，3個の価電子を使って3個の炭素原子と共有結合し，残りの価電子1個が金属結合のように挙動（半金属的）する。グラファイトは，炭素の同素体であり，ベンゼンと異なりすべて炭素-炭素原子間で構成され，それぞれの結合は等価である。すなわち，4個の共有価電子をもつ1個の炭素原子は，周りの3個の炭素原子と共有結合しているから，一つの共有結合に $4/3 = 1.33$ 個の価電子が使用されている。よって，すべて等価な炭素原子ペア間の共有価電子数は，2.66（$= 4 \times 2/3$）個（1.33重結合）になる。

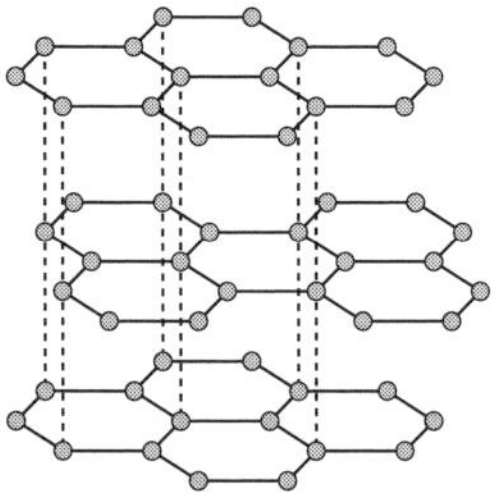

(a) 黒　鉛

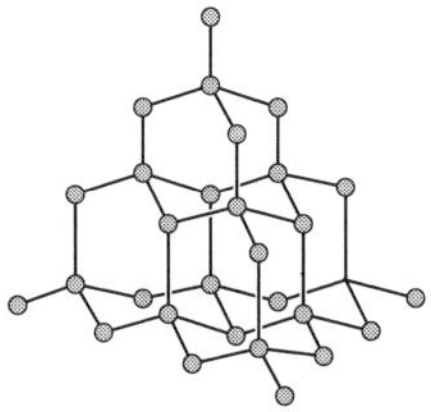

(b) ダイヤモンド

図1　黒鉛およびダイヤモンドの結晶構造

・ダイヤモンド（diamond）

ダイヤモンドは，炭素原子が sp^3 混成軌道で結合した正四面体形の三次元立体構造を有している（図1(b)）。すなわち，すべて炭素-炭素原子間で構成され，それぞれの結合は等価である。すなわち，4個の共有価電子をもつ1個の炭素原子は，周りの4個の炭素原子と共有結合しているから，一つの共有結合に $4/4 = 1.0$ 個の価電子が使用されている。よって，すべて等価な炭素原子ペア間の共有価電子数は，2.0（$= 4 \times 2/4$）個（単結合）になる。

ポリエチレン（polyethylene）は，モノマーのエチレンが重合した構造をもつ高分子である（**図2**）。最も単純な構造をもつ高分子であり，容器や包装用フィルムをはじめ，さまざまな用途に利用されている。基本的にはメチレン $(-CH_2-)_n$（すべて σ 結合）のくり返しのみで構成され，炭素-炭素原子間は，sp^3 混成軌道で結合し，いずれも等価である。4個の共有価電子をもつ1個の炭素原子の周りは，2個の水素原子と2個の炭素原子とで共有結合しているから，二つの炭素-炭素共有結合に2（$= 4 - 2$）個の共有価電子が使用されている。よって，すべて等価な炭素原子ペア間の共有価電子数

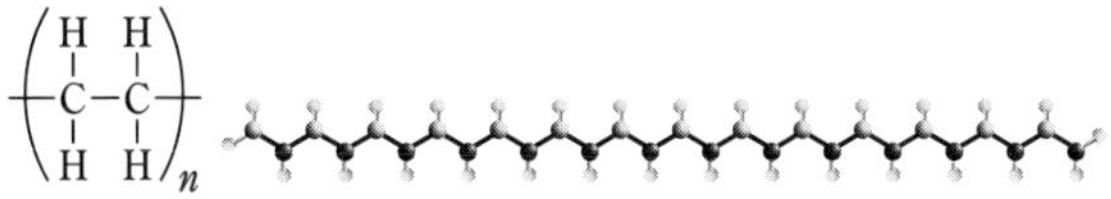

図 2　ポリエチレンの分子構造

は，2.0（$=(4-2)\times 2/2$）個（単結合）になる。

・酸素分子（dioxygen）

上記で説明したように，酸素分子の場合は，結合次数 2（二重結合）である。すなわち，酸素原子 1 個当り 2 個の共有価電子をもつから，酸素原子ペア間の共有価電子の数は，4 個（二重結合）である。

・オゾン（ozone）

オゾンは三つの酸素原子からなる二等辺三角形の分子（結合角 116.8°）であることが，マイクロ波分光の解析からわかっている。この分子の結合角と結合距離は，酸素原子の結合電子は sp^2 混成軌道に分布してオゾン分子を形成し，結合距離は典型的な一重結合と二重結合の中間であることを示している。このような幾何学的分子構造の電子構造は，**図 3** に示したように四つの極限電子構造が共鳴しているとして説明できる。図中の「··」は非結合電子対，原子間の 1 本線は共有一重結合，2 本線は共有二重結合を表している。

オゾンの共有価電子数の合計は，酸素原子 1 個当り共有価電子が 2 個であるから，

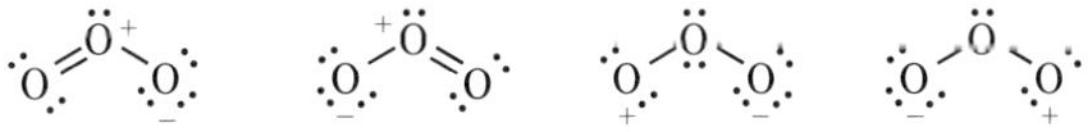

図 3　オゾンの極限電子構造

表 2　原子間の結合次数および価電子数

化合物名	対象原子間	結合次数	原子ペア間の共有価電子数
ベンゼン（C_6H_6）	C-C	1.5	3
1. グラファイト C	C-C	1.33	2.66
2. ダイヤモンド C	C-C	1	2
3. ポリエチレン（$-CH_2-)_n$	C-C	1	2
4. 酸素 O_2	O-O	2	4
5. オゾン O_3	O-O	1.5	3

その3倍である6個である。よって，酸素原子ペア間の共有価電子数は，二つの等価な酸素-酸素原子間で構成されているので，全体で平均すると，3（＝6/2）個になる（結合次数は1.5であり，1.5重結合）。

以上，ベンゼンを含む設問の分子および化合物のそれぞれの原子間の結合次数および価電子数を**表2**にまとめた。

したがって，共有結合に使用される価電子数がベンゼンと等しい分子または化合物は，オゾンが該当し，選択肢**5**が正しい。

正　解　**5**

問 10

濃度を示す量についての関係式として，正しいものを次の中から一つ選べ。

なお，それぞれ単成分の溶質と溶媒から調製した溶液に関する，SI基本単位（kg，m，mol）ないしその組立単位で表した量について考えるものとする。

1　溶質の質量分率 ＝ 溶質の質量濃度 × 溶液の密度

2　溶質の物質量濃度 ＝ 溶質の物質量÷溶液の質量

3　溶質の質量濃度 ＝ 溶質の物質量濃度 × 溶質のモル質量

4　溶質の物質量分率 ＝ 溶質の物質量÷溶媒の物質量

5　溶質の物質量分率 ＝ 溶質の体積分率

題　意　濃度を表したSI単位について，基礎知識を問う。

解　説　選択肢**1**の左辺は単位なしであるが，右辺は，$g/dm^3 \times g/cm^3$となり単位が消去できないので誤りである。

選択肢**2**の左辺は物質量濃度であり，溶液の体積または溶媒の質量が分母になる必要があるため誤りである。

選択肢**3**の左辺は溶質の質量濃度g/dm^3であり，右辺は，$mol/dm^3 \times g/mol$となり，左辺の単位と一致するから正しい。

選択肢**4**の左辺はいわゆるモル分率に相当するもので，単位なしであるが，右辺は，mol/molで単位は消去できるが，分母には溶質と溶媒を合わせた全体の物質量が必要になるので誤りである。

選択肢 **5** の左辺のモル分率は，気体に対しては体積分率と一致するが，液体の場合は混合すると体積が変化する場合があるので，誤りである。

よって，選択肢 **3** が正しい。

正 解　**3**

問 11

遷移金属の錯イオン（ア）～（エ）について，下線部の原子の酸化数の大きい順として，正しいものを **1** ～ **5** の中から一つ選べ。

（ア）$[\underline{Cr}O_4]^{2-}$　　（イ）$[\underline{Fe}(CO)_4]^{2-}$

（ウ）$[\underline{Ni}Br_4]^{2-}$　　（エ）$[\underline{Cu}(CN)_3]^{2-}$

1　（ア）＞（イ）＞（ウ）＞（エ）

2　（ア）＞（ウ）＞（エ）＞（イ）

3　（ア）＞（イ）＞（エ）＞（ウ）

4　（イ）＞（ア）＞（ウ）＞（エ）

5　（イ）＞（ア）＞（エ）＞（ウ）

題 意　錯体イオンの遷移金属の酸化数を求める計算問題である。

解 説　酸化数は以下のように計算する。

(1)　単体中の原子の酸化数は 0 である。例えば，N_2 中の窒素の酸化数は 0 になる。

(2)　イオン性化合物中の単原子イオンの酸化数は，そのイオンの価数である。

(3)　多原子分子イオンでは，各原子の酸化数の総和がイオンの価数に等しくなるようにする。

(4)　化合物中の水素の酸化数は 1，ただし金属水素化物では −1 である。

(5)　化合物中の酸素の酸化数は −2 である。例外として OF_2 では 2，過酸化物では −1，二酸化物（超酸化物）イオン O_2^-，三酸化物（オゾン化物）イオン O_3^- では，まとめて −1 として分数にはしない。

(6)　ふっ素を含むすべての化合物中でふっ素の酸化数は −1 である。

(7)　錯体中の CO や NH_3 は中性配位子として結合し，酸化数はゼロである。

錯イオンの場合は，上記の (3) および (7) に留意する必要がある。設問の遷移金属

表　遷移金属の錯イオンの酸化数を x としたときの算出式

錯イオン	計算式	酸化数
（ア）　$[CrO_4]^{2-}$	$x+(-2)\times 4=-2$ $x=6$	6
（イ）　$[Fe(CO)_4]^{2-}$	$x+(0)\times 4=-2$ $x=-2$	−2
（ウ）　$[NiBr_4]^{2-}$	$x+(-1)\times 4=-2$ $x=2$	2
（エ）　$[Cu(CN)_3]^{2-}$	$x+(-1)\times 3=-2$ $x=1$	1

の錯イオンの酸化数を x としたときの算出式および求めた酸化数を**表**にまとめた。

よって，酸化数の大きい順は，選択肢**2**が正しい。

【正 解】 **2**

問 12

グリニャール（Grignard）試薬を構成する金属の元素記号として，正しいものを一つ選べ。

1　Ag

2　Al

3　Cu

4　Mg

5　Mn

【題 意】　グリニャール試薬について基礎知識を問う。

【解 説】　グリニャール試薬（Grignard reagent）はヴィクトル・グリニャールが発見した有機マグネシウムハロゲン化物で，一般式が R-MgX（R は有機基，X はハロゲンである。）で表される有機金属試薬である。ハロゲン化アルキルにエーテル溶媒中で金属マグネシウムを作用させると，炭素-ハロゲン結合が炭素-マグネシウム結合に置き換わりグリニャール試薬が生成する。生成する炭素-マグネシウム結合では炭素が δ^-，マグネシウムが δ^+ に強く分極しているため，グリニャール試薬の有機基は強い求核試薬としての性質を示す。水の存在下では取り扱うことができず，グリニャール試薬を合成する際には原料や器具を十分に乾燥させておく必要がある。

正 解　**4**

問 13

下に挙げた有機化合物とその用途（ア）～（エ）との組合せとして，正しいものを **1** ～ **5** の中から一つ選べ。

用途

（ア）合成ゴムの原料

（イ）生分解性高分子の原料

（ウ）有機溶剤

（エ）解熱鎮痛剤

	1,3-ブタジエン	乳酸	アセチルサリチル酸（2-アセトキシ安息香酸）	ジエチルエーテル
1	（ア）	（イ）	（エ）	（ウ）
2	（ア）	（ウ）	（イ）	（エ）
3	（イ）	（エ）	（ウ）	（ア）
4	（ウ）	（エ）	（ア）	（イ）
5	（エ）	（ア）	（イ）	（ウ）

題 意　有機化合物の用途について基礎知識を問う。

解 説　1,3-ブタジエン（$CH_2 = CH - CH = CH_2$）は，分子式 C_4H_6 で表される二重結合を二つもつ不飽和炭化水素の一つである。1,3-ブタジエンは最も単純な共役ジエンであり，SBR（スチレン・ブタジエンゴム）などの合成ゴム生産における重要な原料である。（ア）が該当する。

ポリエステル類の一種であるポリ乳酸（polylactic acid，polylactide，PLA）は，乳酸がエステル結合によって重合し，長くつながった高分子である。バイオプラスチック（バイオマスプラスチック），生分解性プラスチックの一種である。農産物（トウモロコシ，芋，サトウキビ，ビートなど）を含む植物を原料として生産できる持続可能な素材として注目を集めている。（イ）が該当する。

アセチルサリチル酸（acetylsalicylic acid）は，サリチル酸を無水酢酸によりアセチル化して得られる。代表的な消炎鎮痛剤の一つで非ステロイド性抗炎症薬である。ドイツのバイエル社が名付けた商標名のアスピリン（Aspirin）がよく知られ，日本薬局方ではアスピリンが正式名称になっている。消炎・解熱・鎮痛作用や抗血小板作用をもつ。（エ）が該当する。

ジエチルエーテルは，有機溶媒の一種であり，溶媒抽出法に用いられる。水にやや溶けやすく，オクタノール / 水分配係数は 0.89。比重が水より小さいため，有機層は水層の上に位置する。グリニャール反応などの有機金属化学の溶剤としてもよく使われる。（ウ）が該当する。

よって，選択肢 **1** の組合せが適切である。

正 解　**1**

問 14

硫酸と硫酸水銀（Ⅱ）を触媒としたエチニルベンゼン（$C_6H_5-C\equiv C-H$）の水和反応で得られる主生成物として，正しいものを一つ選べ。

1　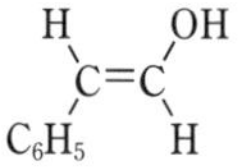

2　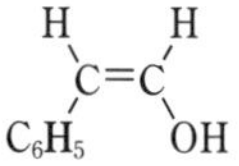

3　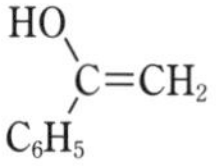

4　$C_6H_5-CH_2-CH=O$

5　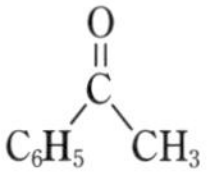

題 意　フェニルアセチレン（エチニルベンゼン）への水の付加反応について基礎的な知識を問う。

解 説　アルキンは適当なルイス酸触媒存在下に，硫酸水銀と水を作用させると三重結合への水の付加（水和反応）が生じてエノール体を生成し，その互変異性化によりケトンを生じる。ほとんどの場合，マルコフニコフ則に従う化学選択性にて化合物が得られる。例えば，**図 1** および**図 2** に示すように，末端アルキンであるフェニル

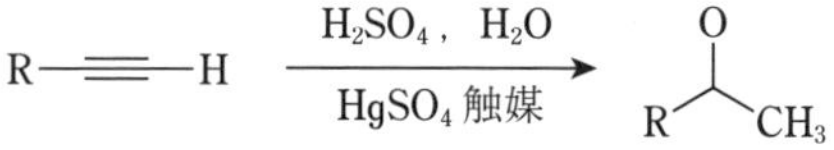

図 1　末端アルキンへの水の付加反応

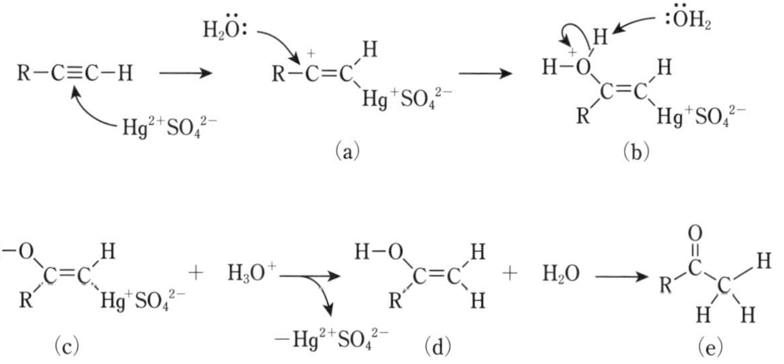

図 2　末端アルキンへの水の付加反応の反応機構

アセチレンに硫酸酸性条件下，硫酸水銀と水を作用させると，アルキンが電子対を用いて，求電子的な水銀（Ⅱ）イオンを攻撃して水銀を含むビニル型カルボカチオン中間体（図 (a)）を与える。このとき，ルイス酸である Hg^{2+} は求電子的にアルキンの置換基の少ない不飽和 sp 混成炭素に付加する（非対称アルケンに対する求電子付加反応におけるマルコフニコフ則）。これは，アルキル基（R）の結合している炭素がカチオンとなるほうが安定であり，アルキル基がフェニル基（フェニルアセチレン）の場合は共役安定化がさらに加わりより安定となる。カルボカチオンを水が攻撃して C–O 結合を形成し，プロトン化された含水銀エノール（図 (b)）を与える。水によりプロトン化されたエノールから H^+ が取り除かれて有機水銀化合物（図 (c)）ができる。Hg^+ が H^+ により置換されて，中性のエノール（図 (d)）ができる。エノールが互変異性化して最終生成物のケトン（図 (e)）を与える。よって，選択肢 **5** が適当な生成物に該当する。

正 解　**5**

問 15

硫化水素（H_2S）分子の双極子モーメントが 3.2×10^{-30} Cm であるとき，S－H の結合モーメントは幾らになるか。次の中から最も近いものを一つ選べ。

ただし，H－S－H の結合角は 90° とする。また，$\sqrt{2}=1.4$ とする。

1　1.1×10^{-30} Cm

2　2.3×10^{-30} Cm

3　4.5×10^{-30} Cm

4　6.4×10^{-30} Cm

5　9.0×10^{-30} Cm

題意　双極子モーメントを扱った計算問題である。

解説　双極子モーメントはベクトル量であり，各結合の双極子モーメント（結合モーメント）の和が分子の双極子モーメントとなる。

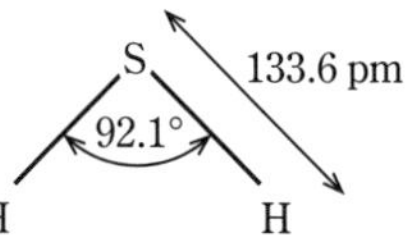

S-H の結合モーメントを x〔C・m〕として，結合角を 90° とすると，分子の双極子モーメントとは次式が成立する。この式から，結合モーメントを求めると

$$x=3.2\times10^{-30}〔\mathrm{C\cdot m}〕\times\cos\frac{90°}{2}$$

$$=3.2\times10^{-30}\times\frac{1}{\sqrt{2}}=2.29\times10^{-30}〔\mathrm{C\cdot m}〕$$

となる。よって，選択肢 **2** が該当する。

正解　**2**

問 16

気圧が P(atm) のときの水の沸点 t(K) を与える式として，正しいものを **1** ～ **5** の中から一つ選べ。ただし，水蒸気圧 p(atm) と温度 T(K) との間には，A を定数として，次の関係式が成立するものとする。また，1 atm での水の沸点は 373 K とする。

$$\log_{10}p=A-\frac{2\,121}{T}$$

1　$t=\dfrac{1}{\dfrac{1}{373}-\dfrac{\log_{10}P}{2121}}$

2　$t=\dfrac{1}{\dfrac{1}{373}+\dfrac{\log_{10}P}{2121}}$

3　$t=373+\dfrac{\log_{10}P}{2121}$

4　$t=\dfrac{373}{1+\dfrac{\log_{10}P}{2121}}$

5　$t=\dfrac{373}{1-\dfrac{\log_{10}P}{2121}}$

【題 意】　水の気圧と沸点の関係式（アントワン式）について基礎知識を問う。

【解 説】　アントワン式（Antoine equation）は，蒸気圧に関する実験式である。蒸気圧 p，温度 T とすると

$$\log p=A-\frac{B}{T+C}$$

で示され，A，B，C は物質と蒸気圧と温度の単位に依存する定数（アントワン定数）である。

一般に，沸点とは，液体の飽和蒸気圧が外圧と等しくなる温度である。よって，沸点を与える式は，設問の式の水蒸気圧 p に気圧 P を代入したとき，温度 T が沸騰温度 t に相当する。ここで，定数項 A を以下のようにして求めると

$$\log p=A-\frac{2121}{T}$$

$$\log 1=A-\frac{2121}{373}$$

$$\therefore\quad A=\frac{2121}{373}$$

となる。さらに，設問の式の水蒸気圧 p に気圧 P を，温度 T に沸点を代入して，t を求める式に変換すると，つぎのようになる。

$$\log P=\frac{2121}{373}-\frac{2121}{t}$$

$$\frac{2121}{t}=\frac{2121}{373}-\log P$$

$$\frac{t}{2121}=\frac{1}{\dfrac{2121}{373}-\log P}$$

$$t=\frac{2121}{\dfrac{2121}{373}-\log P}=\frac{1}{\dfrac{1}{373}-\dfrac{\log P}{2121}}$$

よって，選択肢 **1** が該当する。

【正 解】 **1**

問 17

物質の性質に関する次の記述の中から，正しいものを一つ選べ。

1　臭素は常温・常圧で無臭である。

2　酸素を常温・常圧で水に溶かすと，その水溶液は酸性を示す。

3　水素と窒素を均一に混合した気体を容器に入れて常温で静置すると，上部に水素が濃縮される。

4　0.050 mol L^{-1} 硫酸水溶液の 25 ℃における pH は 1.0 である。

5　塩酸は，一般に酸化力をもたない酸に分類される。

【題 意】 無機物質の性質について基礎知識を問う。

【解 説】 臭素 Br は，ハロゲン元素の一つで，原子番号 35，原子量 79.9 の元素である。単体（Br_2，二臭素）は常温，常圧で液体（赤褐色）であり，反応性は塩素より弱いが，刺激臭をもち，猛毒である。よって，選択肢 **1** の記載内容は間違いである。

酸素，窒素および水素は水に溶けにくいので，水溶液の性質を議論することはないが，その性質は，「中性」である。よって，選択肢 **2** の記載内容は間違いである。

水素は，窒素や空気と比較すると，拡散係数が大きい。特に常温常圧下では，均一な濃度になるまで拡散混合するので，モル質量の差によって，分離することはない。よって，選択肢 **3** の記載内容は間違いである。

硫酸は水溶液中では強い二塩基酸として働き，一段目はほぼ完全解離するが，二段目はやや不完全となる。その酸解離定数（熱力学的定数）は 25 ℃において $pK_{a1}=-5$,

$pK_{a2}=2$ となる。そのため，設問の 0.05 mol/L 硫酸水溶液の pH は 1.0 より大きくなる。よって，選択肢 **4** の記載内容は間違いである。

塩酸 HCl は電気陰性度が Cl＞H であるから Cl は H の電子を引っ張り，H としか結合していないことから Cl 自身の電子がだれかに奪われることもない。よって，相手から電子を奪う必要がないので酸化力をもたない。希硫酸は薄い硫酸のことで，硫酸の周りには水がたくさん存在する。また硫酸は強酸であるから水中では H^+ と SO_4^{2-} に電離する。この H^+ が酸化剤として反応する。濃硫酸は濃度が濃すぎて電離しにくく，弱酸なので，酸化力はもたない。しかし，濃硫酸を加熱すると三酸化硫黄 SO_3 が生成し，これが酸化力をもつので熱濃硫酸は酸化力をもつ。硝酸 HNO_3 は電気陰性度が O＞N であり，N の電子は隣の O_3 に引っ張られていて，N の電子密度は下がるので，電子を相手から奪おうとするので酸化力をもつ。王水は濃塩酸と濃硝酸を 3：1 の体積比で混合してできる橙赤色の液体である。濃硝酸と濃塩酸を混ぜると塩化ニトロシルという物質が生成する。この塩化ニトロシルが強い酸化力をもち，金や白金を溶かすようになる。よって，選択肢 **5** の記載内容は正しい。

正解　**5**

問 18

物質の測定に関する次の記述における（ア）と（イ）の組合せとして，適切なものを **1** ～ **5** の中から一つ選べ。

構造が未知の結晶の昇温過程において，（ア）により相転移による吸熱ピークが確認された。次に，（ア）の測定により得られた相転移温度よりも高い温度で（イ）を行ったところ，ピークが消失したことから非晶質への変化が確認された。

	（ア）	（イ）
1	ラマン分光分析	X 線回析分析
2	示差熱分析	X 線光電子分光分析
3	質量分析	X 線光電子分光分析
4	示差熱分析	X 線回析分析
5	ラマン分光分析	核磁気共鳴分光分析

【題意】 結晶の相転移に関する分析方法について基礎知識を問う。

【解説】 示差熱分析（DTA）は，試料と基準物質の温度を一定のプログラムに従って変化させながら，その試料と基準物質との温度差を温度の関数として測定する方法であり，熱分析法に属する。温度変化に伴い，試料が転移や反応を起こした場合，基準物質との温度差が変化するため，これを検出する。DTA 信号からは試料の転移温度，反応温度，転移や反応が吸熱現象か発熱現象かの情報などが得られる。融解，ガラス転移，結晶化，気化，昇華，結晶転移等の相転移，脱水，分解，酸化，硬化等の反応現象を捉えることができる。

室温以外での X 線回折はさまざまな分野で活躍している。X 線回折計は物質の結晶構造を調べることができる装置である。X 線回折計に試料を加熱する高温炉を設置して高温下で測定する手法は高温 X 線回折と呼ばれている。この手法を用いると，結晶構造の相転移，物質の融解，熱膨張などを詳細に測定できる。例えば，結晶の X 線回折では，格子面に対応した不連続で鋭いピークが現れる。これに対し，非晶質の X 線散乱測定では，連続的でブロードなピークが得られる。このように，X 線回折は，相の同定，テクスチャー，結晶子サイズなど，熱分析（TG，DSC など）だけでは得られない情報を補完する非常に有効な方法である。

よって，設問の分析法は，吸熱ピークが観測されたことから，（ア）示差熱分析であり，非晶質でピークが消失したことから（イ）X 線回折分析を示しているので，選択肢 **4** の組合せが該当する。

【正解】 **4**

問 19

下の二酸化炭素の状態図を参考に，次の記述の中から誤っているものを一つ選べ。

1　点 ① の温度・圧力下では，二酸化炭素は液体である。

2　点 ② の温度・圧力下で熱を加えても，二相が共存する間は温度上昇しない。

3　固体の二酸化炭素に圧力を加えていくと，融点は低くなる。

4　気体の二酸化炭素を大気圧下で冷却しても液化しない。

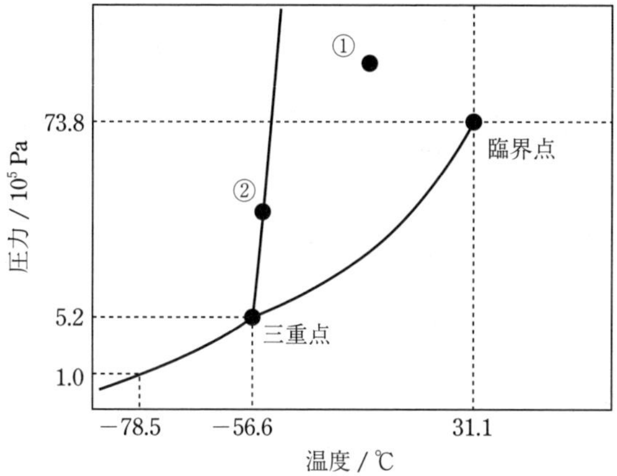

5　気体の二酸化炭素を35℃で加圧しても液化しない。

題　意　二酸化炭素の状態図について基礎知識を問う。

解　説　**図1**に，二酸化炭素の状態図の概略を示す。図1から設問の①の領域は，液体であることがわかる（選択肢**1**は正しい）。

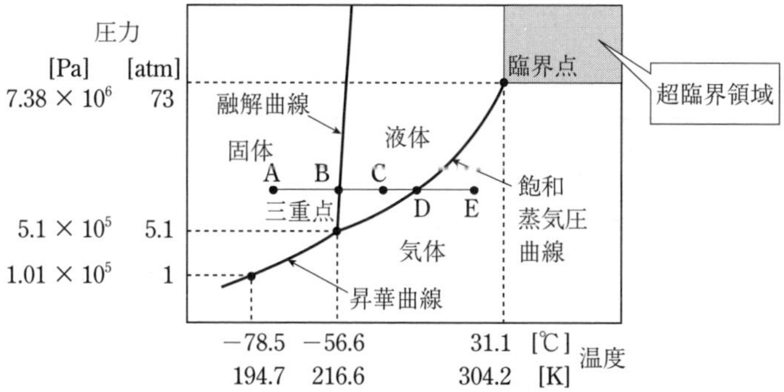

図1　二酸化炭素の状態図

状態変化を，温度を縦軸に，加熱時間を横軸にしたグラフで表すことができる（**図2**参照）。A点の固体に熱を加えていくと，固体（A点）→液体（C点）→気体（E点）という流れで状態変化し，温度も上昇していく。B点では，固体と液体が平衡状態であり，2相共存している状態では，加熱しても温度は下がらず一定となる（選択肢**2**は正しい）。

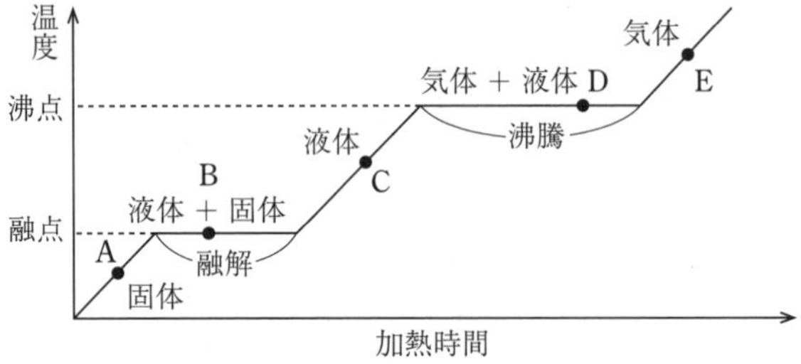

図 2　二酸化炭素の状態変化

固体の二酸化炭素に圧力を加えると融点は，わずかに大きくなる。これは，融解曲線が右肩上がりであることによる（選択肢 **3** は誤りである）。

大気圧（1.0×10^5 Pa）下の気体を水平線上で温度を下げたとき，液体の領域を通過しないので，液化することはない（選択肢 **4** は正しい）。

臨界点の圧力，温度以上で囲まれた領域は液体・気体の区別ができない状態であり超臨界状態と呼ばれる（図 1 参照）。この領域内では，いくら温度，圧力を変化させても状態に変化は起きない。また，この状態にある物質を超臨界流体という（選択肢 **5** は正しい）。

【正 解】 **3**

問 20

次の化学式で表される物質が形成する結晶のうち，分子結晶ではないものを一つ選べ。

1　I_2

2　SiO_2

3　CO_2

4　Ar

5　H_2O

【題 意】　結晶の種類の中で分子結晶について基礎知識を問う。

【解 説】　結晶の種類は**表**に示すように，構成原子や分子の結合の仕方によって大きく四つに分類される。

表　結晶の種類

	構成元素と粒子	結合の種類と硬さ	その他の性質	例
① 分子結晶	非金属元素の分子で構成される。	分子間力で結合し，柔らかく，脆い。	融点が低く，電気伝導性はない。	ドライアイス（CO_2），ヨウ素（I_2），氷（H_2O），ナフタレン（$C_{10}H_8$）など
② 共有結合結晶	非金属元素の原子で構成される。	共有結合で結合し，非常に硬い。	融点はきわめて高く，水には溶けない。電気伝導性はない（例外として，黒鉛はある）。	ダイヤモンド（C），黒鉛（C），石英（SiO_2）
③ イオン結晶	金属，非金属どちらも構成元素となり，陽イオン，陰イオンで構成される。	イオン結合で結合し，硬いが脆い。	融点は高く，水に溶けやすい。固体の状態では電気伝導性はないが，液体の状態では電気伝導性を示す。	塩化ナトリウム（NaCl），塩化カリウム（KCl）
④ 金属結晶	金属元素の原子で構成される。	金属結合で結合し，延性や展性がある。	融点は低いものから高いものまでさまざまで，水には溶けない。電気伝導性は他の結晶に比べて高い。	銅（Cu），鉄（Fe），金（Au）

表に示したように，ドライアイス（CO_2），ヨウ素（I_2）および氷（H_2O）は，分子結晶である。

アルゴン（Ar）は化学反応をほとんど起こさない元素である。最外殻電子数が 8 でありオクテット則を満たしているので，アルゴンは安定でほかの元素と結合しにくい。常温，常圧では，無色，無臭の気体であるが，約 −200 ℃付近以下まで冷却すると面心立方構造の固体になる。金属原子でないアルゴンは価電子がゼロであり，アルゴン同士でも共有結合やイオン結合も起こさないことから，この結晶は，分子結晶である。

二酸化けい素（SiO_2）は，圧力，温度の条件により，石英（水晶，α-石英）以外にもシリカ鉱物（SiO_2）の多様な結晶相（β-トリディマイト，β-石英，β-クリストバライトなど）が存在する。結晶は**図**に示すように，

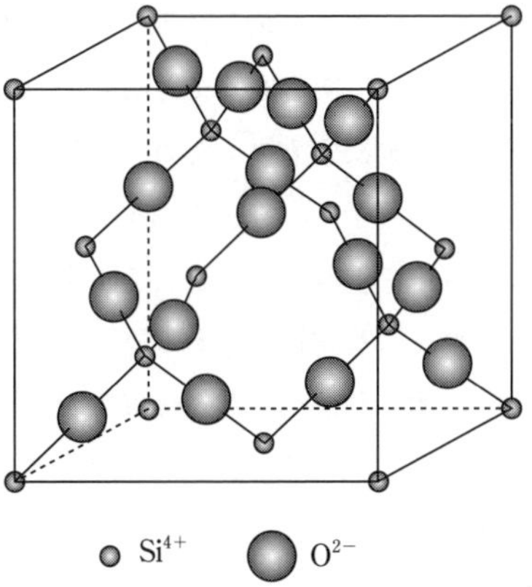

図　二酸化けい素の結晶構造

共有結合結晶であり，けい素原子を中心とする正四面体構造が酸素原子を介して無数に連なる構造をしている。よって，選択肢**2**の SiO_2 が分子結晶でないので該当する。

【正解】 **2**

問 21

元素の性質とその周期性に関する次の記述の中から，正しいものを一つ選べ。

1　基底状態にある原子から電子を取り去って無限に遠ざけるために必要なエネルギーを電子親和力という。

2　同じ族に属する炭素（$_{6}C$）とけい素（$_{14}Si$）の第1イオン化エネルギーを比較すると，けい素のほうが小さい。

3　同じ族に属する酸素（$_{8}O$）と硫黄（$_{16}S$）の電気陰性度を比較すると，硫黄のほうが大きい。

4　アルゴンを除く第3周期の元素の原子半径は，原子番号の大きい元素ほど大きい。

5　窒素（N）の原子半径は，その陰イオン（N^{3-}）のイオン半径よりも大きい。

【題意】 元素周期表の基礎知識を問う。

【解説】 原子や分子が電子を取り入れるときに放出されるエネルギーを電子親和力（イオン化ポテンシャル）という。この数値が大きいことは，電子を取り入れて多くのエネルギーを余らせることであるので，陰イオンになりやすい。

基底状態にある原子または分子から1個の電子を引き出して1個の陽イオンと自由電子に完全に分離するために必要なエネルギーをイオン化エネルギーという。原子では，中性原子から電子1個を引き出す場合を第一イオン化エネルギー，1価のイオンからさらに1個の電子を引き出す場合を第二イオン化エネルギーという。イオン化エネルギーは基底状態にある原子の最外殻電子のエネルギー準位が低いほど，またその電子に働く原子核の有効核電荷が大きいほど，大きくなる。したがって同一周期内の元素ではアルカリ金属が最小で希ガスが最大となり，また第一イオン化エネルギーより第二イオン化エネルギーのほうが大きくなる。

よって，選択肢**1**は，第1イオン化エネルギーの説明であるから誤りである。

同族の元素は，原子番号が大きくなるほど原子半径が大きくなり原子核が電子を引き付ける力は弱くなるため，電子を放出しやすくなる。すなわち，電子を放出しやすくなるということは，陽イオンになりやすいということなので，イオン化エネルギーは小さくなる。選択肢**2**の記載は正しい。

周期表の左下に存在する元素ほど陽性が強く，電子を放出しようとするため，電気陰性度は小さくなる（ただし，希ガスの電気陰性度は考慮しない。希ガスは最外殻が満たされているため電子を外から取り込もうとはしない）。逆に，右上に行くにしたがって，電気陰性度は大きくなる。よって，選択肢**3**の記載は誤りである。

原子半径には，原子核だけではなくそれぞれに属する電子の占める範囲も含まれる。陽子や中性子は中心付近に集中しているため，原子半径を決定づけている主力要因は電子である。同族元素で比較すると，原子番号の増加とともに外側の電子殻にも電子をもつようになるので原子半径も増加する。一方，同一周期では，最外殻はどの元素でも同じであり，原子核の電荷の大きいもののほうが電子を強く引き付けるので，18族元素（希ガス）を除いて原子半径は小さくなる。よって，選択肢**4**の記載は誤りである。

N^{3-}，O^{2-}，F^{-}，Na^{+}，Mg^{2+}，Al^{3+} はすべてNeと同じ電子配置のK殻2個，L殻8個である。しかし，中心にある原子核中に含まれる陽子数は異なり，N^{3-} は7個，O^{2-} は8個，F^{-} は9個，Na^{+} は11個，Mg^{2+} は12個，Al^{3+} は13個の陽子を含んでいるから，陽子数が多いほど周りの電子を引き付けるためイオン半径は小さくなる。よって，イオンの大きさは，$N^{3-} > O^{2-} > F^{-} > Na^{+} > Mg^{2+} > Al^{3+}$ となる。これとは，反対に N^{3-} とNとは，陽子数は同じであるが，最外殻L殻の電子の数が8個と5個で異なる。しかし，電子を引き付ける力は同じであるため，電子の数が多いほど原子半径は大きくなるので，原子半径の大小関係は，$N^{3-} > N$ である。よって，選択肢**5**の記載は誤りである。

【正 解】 **2**

問 **22**

次の（ア）～（オ）の分子の中で，永久双極子モーメントをもつものはどれとどれか。**1**～**5**の組合せの中から一つ選べ。

（ア）NH_3　（イ）BF_3　（ウ）CO_2　（エ）CH_4　（オ）H_2O

1　（ア）と（イ）

2　（イ）と（ウ）

3　（ウ）と（エ）

4　（エ）と（オ）

5　（ア）と（オ）

【題 意】 分子の構造に関して，永久双極子モーメントについて基礎知識を問う。

【解 説】 永久双極子モーメントとは，外部電場または外部磁場に関係なく存在する双極子のことである。微小な電気双極子には永久双極子と誘起双極子がある。後者は電場によって誘起される。

原子間の結合双極子モーメントのベクトル和が，分子全体の永久双極子モーメントになる。分子内で対称性があれば永久双極子モーメントがゼロとなる。設問の五つの分子の構造を**図**に示す。水（折れ線型，図（a））やアンモニア（三角すい型，図（b））などの分子は永久双極子をもつことがわかる。三ふっ化ほう素（平面型，図（c）），四塩化炭素（正四面体型，図（d））および二酸化炭素（直線型，図（e））は，対称性を有し，永久双極子モーメントはゼロである。

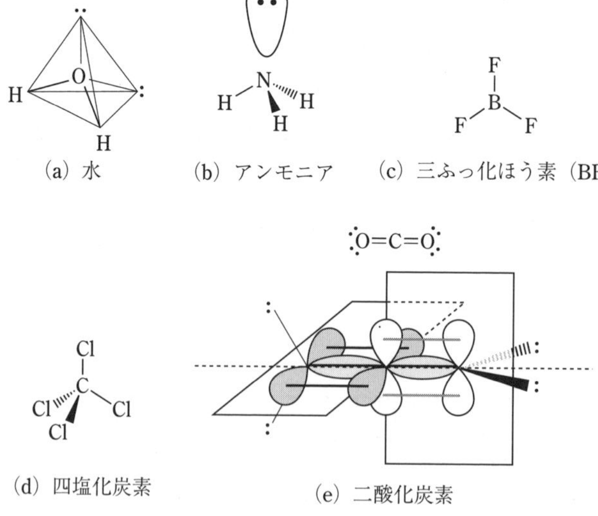

（a）水　（b）アンモニア　（c）三ふっ化ほう素（BF_3）

（d）四塩化炭素　（e）二酸化炭素

図　分子の構造

よって，永久双極子モーメントをもつ組合せは，選択肢 **5** が該当する。

正 解　**5**

問 23

25 ℃，1 atm において，水に溶けやすく，かつその化合物を飽和させたときに水溶液が最も高い電気伝導率を示すものを，次の **1** ～ **5** の中から一つ選べ。

1　一酸化炭素

2　1-ブタノール

3　四塩化炭素

4　二酸化窒素

5　D-グルコース

題 意　化合物の水溶液が電気伝導率をもつ性質について問う。

解 説　溶質が，水に溶けてイオンになる現象を電離といい，イオンになる物質を電解質，ならない物質を非電解質という。ブドウ糖（グルコース），ショ糖（スクロース），アルコールなどは，水に溶解するが，電離しないので非電解質である。

電気伝導率（electrical conductivity）とは，物質中における電気伝導のしやすさを表す物性量であり，導電率，電気伝導度ともいう。水に溶けてイオンになれば，その溶液に電流が流れやすくなるので，電気伝導率が大きくなる。D-グルコースや 1-ブタノールは非電解質であるから電気伝導率は小さい（選択肢 **2** および **5** は該当しない。）。

一酸化炭素は，二酸化炭素と異なり水にはほとんど溶けない。しかし，まったく溶けないわけではなく，溶解度は，0.002 6 g/100 mL である。溶けるとギ酸を生成するが，その電気伝導率は小さい。

二酸化窒素を水（温水）と反応させると硝酸と一酸化窒素が発生する。また，冷水と反応させると硝酸と亜硝酸を生成する。二酸化窒素は大気中でもこのような反応を起こし，酸性雨の原因の一つとなっている。水に溶解後の硝酸イオンの極限モル伝導度は 71.5 $S \cdot cm^2 \cdot mol^{-1}$ であり，塩素イオンのそれ（76.4 $S \cdot cm^2 \cdot mol^{-1}$）より少し小さい。

四塩化炭素は，常温・常圧では無色透明の液体で，わずかに甘い特異臭をもつ。水への溶解度は，0.08 g / 100 mL（20 ℃）であり，水に溶解しても電離しない。エタノールやベンゼンなどと任意の割合で混合する。

よって，水溶液が最も高い電気伝導率を示すのは，二酸化窒素である（選択肢 **4** が該当する）。

【正解】 **4**

問 24

有機溶媒であるヘキサンとエタノールに関する次の記述の中から，正しいものを一つ選べ。

1 比誘電率は，ヘキサンよりもエタノールのほうが大きい。

2 いずれも常温では金属ナトリウムと反応しない。

3 いずれの分子も非共有電子対をもたない。

4 いずれも水と任意の割合で混和する。

5 分子量は，ヘキサンよりもエタノールのほうが大きい。

【題意】 有機溶媒の性質について問う。

【解説】 有機溶媒の一種であるヘキサン（hexane）は，モル質量，86.18 g / mol で，水への溶解度は 0.001 3 g / 100 mL（20 ℃）である。炭素と水素の共有結合で構成された直鎖状アルカンであり，窒素原子や酸素原子を含まないから，非共有電子対をもたない。金属ナトリウムとは反応しない。常温では無色透明で，灯油のような臭いがする液体で，水溶性はきわめて低い（20 ℃で 13 mg / L）（選択肢 **3** および **4** は誤りである）。

金属ナトリウムは，アルコール，カルボン酸，フェノール類などのヒドロキシ基と反応して，水素を発生させながらアルコキシドなどを与える（選択肢 **2** は誤りである）。

比誘電率とは媒質の誘電率と真空の誘電率の比 $\varepsilon / \varepsilon_0 = \varepsilon_r$ のことである。比誘電率は無次元量である。種々の溶媒の比誘電率を**表**に示す（選択肢 **1** は正しい）。

エタノール（エチルアルコール）は，アルコールの一種であり，揮発性の無色液体で，特有の芳香を有する。その分子は，油になじみやすいエチル基 CH_3CH_2- と水になじみやすいヒドロキシ基 $-OH$ が結合した構造をもつ。モル質量，46.07 g / mol で，水と任意に混合できる。酸素原子をもっているので，非共有電子対を有している（選

表　種々の溶媒の比誘電率

溶　媒	比誘電率
ホルムアミド	110
水	78.30（25℃）（温度によって変化）
ジメチルスルホキシド（DMSO）	48.9
メタノール	32.6
エタノール	24.3
アセトン	20.7
アンモニア	16.9
クロロホルム	4.8
ジエチルエーテル	4.3
ベンゼン	2.3
四塩化炭素	2.2
ヘキサン	1.9

択肢 **5** は誤りである）。

【正 解】 **1**

問 25

ある試料中に，放射性核種 A（半減期 4 年），B（半減期 3 年）が同じ物質量存在していた。6 年後，同試料中の B の物質量は A の物質量の何倍になるか。次の中から最も近いものを一つ選べ。ただし，その 6 年の間，同試料に対して物質の出入りはなく，他の核種から A または B が生成すること，あるいは B から A，A から B が生成することはないものとする。また，$\sqrt{2} = 14$ とする。

1　0.50 倍

2　0.71 倍

3　0.90 倍

4　1.4 倍

5　2.1 倍

【題 意】 放射性核種の壊変に関する計算問題である。

解　説　放射性核種の壊変は式 (1) に示すように1次反応で表される。

$$\ln \frac{N}{N_0} = -\lambda t \tag{1}$$

ここで，N_0：放射性核種の初発物質量，N：時刻 t〔年〕に存在している放射性核種の物質量，λ：壊変定数である。

放射性原子数が初発物質量の半分になるまでの時間を半減期と呼び，T〔年〕で表す。半減期 T は式 (2) で表される。

$$T = \frac{\ln 2}{\lambda} \tag{2}$$

放射性核種AおよびBの6年後の放射性核種の物質量を，それぞれ N_A および N_B とし，また壊変定数をそれぞれ λ_A および λ_B とし，半減期をそれぞれ T_A (4年) および T_B (3年) とすると，式 (1) および式 (2) より，その物質量の比は次式で求められる。

$$\ln \frac{N_0}{N_A} = \lambda_A t = \frac{\ln 2}{T_A} t \tag{3}$$

$$\ln \frac{N_0}{N_B} = \lambda_B t = \frac{\ln 2}{T_B} t \tag{4}$$

式 (3) − 式 (4) より

$$\ln \frac{\dfrac{N_0}{N_A}}{\dfrac{N_0}{N_B}} = \ln \frac{N_B}{N_A} = 6\left(\frac{\ln 2}{4} - \frac{\ln 2}{3}\right) = -\frac{6}{12} \ln 2$$

$$\frac{N_B}{N_A} = 2^{-\frac{1}{2}} = \frac{1}{\sqrt{2}} = 0.707 \tag{5}$$

となる。よって，選択肢 **2** が該当する。

正　解　**2**

2. 化学分析概論及び濃度の計量

環　濃

2.1　第68回（平成30年3月実施）

問 1

「JIS Z 8802 pH 測定方法」に規定されている，ガラス電極を用いた pH 測定に関する次の記述の中から，正しいものを一つ選べ。

1　pH 計のゼロ校正は，二酸化炭素を除いた純水を用いて行う。

2　ガラス電極が特に汚れている場合には，ガラス膜を 1200 番程度の研磨紙で研磨し，よく水洗いする。

3　pH は，測定する溶液の温度に依存しない。

4　pH 測定におけるアルカリ誤差は，アルカリ金属イオン濃度が高いほど大きくなる。

5　認証 pH 標準液は，その有効期間内においては一度使用したものの再使用が認められている。

題意　ガラス電極を用いた pH 測定の操作に関する設問である。

解説　「JIS K 0102 工場排水試験方法」において，pH 値の測定は「JIS Z 8802 pH 測定方法」に規定するガラス電極法によるものとされている。この設問は pH 測定において注意すべき事項について問うものである。

選択肢 **1** は誤りである。JIS Z 8802 の「3.5　ゼロ校正」に「ガラス電極内部液に近い組成の標準液を用いて，電位を調整して，その温度における標準液の pH を指すようにすること」と書かれており，校正には純水ではなく標準液を用いなければならない。pH 標準液は認証 pH 標準液と調製 pH 標準液がある。認証 pH 標準液は，例えば JCSS（計量標準供給制度）に基づいて試薬メーカーから購入できる。調製 pH 標準液は，このJISの「7.3 調製pH標準液の調製方法」に従って調製する。なお，トレーサビリティが必要な測定の場合は認証pH標準液を用いなければならない。

選択肢**2**は誤りである。検出部のガラス膜は傷つきやすいため，研磨紙で研磨してはならない。通常，使用の前に水で繰返し3回以上洗い，きれいなろ紙，脱脂綿などで拭う。特に汚れている場合は，必要に応じて洗剤や0.1 mol/L塩酸などで短時間洗い，さらに流水で十分洗う。電極表面（感応膜）を1200番程度の研磨紙で研磨して再生するのは，固体膜型のイオン電極である。

選択肢**3**は誤りである。pHの値はガラス電極pH計によって測定される起電力から求められる。この起電力は水中の水素イオン濃度に対応しており，つぎのネルンスト（Nernst）の式で表される。

$$E = E_0 + \frac{2.303RT}{ZF}\log a$$

ここで，E_0は25℃での標準電極電位，Rは気体定数，Tは絶対温度，Zはイオンの価数，Fはファラデー定数，logは常用対数である。

イオン活量aは濃度C（モル濃度）に活量係数γ（ガンマ）を乗じた式で表される。

$$a = \gamma C$$

この式から，同じ濃度aでも温度Tが変われば電極電位Eが変わることがわかる。

選択肢**4**は正しい。アルカリ誤差とは，pH 11以上の試料においてpH計の指示値が低くなる現象で，特にアルカリ金属イオン濃度が高い場合には誤差が大きくなる。

選択肢**5**は誤りである。認証pH標準液も調製pH標準液も一度使用したものは再度使用してはならない。一度使用すれば電極の挿入などの操作により希釈や汚染のおそれがあり，値の正確さの保証が失われる。

【正 解】 **4**

問 2

四塩化炭素標準液（質量濃度100 mg/L）1.0 mLを全量ピペットではかりとり，全量フラスコを用いて100 mLに希釈する。希釈操作により得られた四塩化炭素標準液の質量濃度の合成標準不確かさとして，最も近いものを次の中から一つ選べ。

ただし，全量ピペット及び全量フラスコの公差（許容誤差）はそれぞれ ±0.01

mL及び ±0.01 mLとし，標準不確かさは矩形分布（一様分布）を仮定して計算する。

また，前出の公差以外の不確かさ要因は考慮しない。なお，$\sqrt{3}=1.73$とする。

1　2.0×10^{-2} mg/L

2　1.7×10^{-2} mg/L

3　1.0×10^{-2} mg/L

4　8.3×10^{-2} mg/L

5　5.8×10^{-2} mg/L

【題 意】 不確かさの計算問題である。

【解 説】 **図**に示すように，標準液をA，全量ピペットをB，全量フラスコをCとする。また，それぞれの量の不確かさをu_A，u_B，u_Cとする。

A，B，Cの不確かさu_A，u_B，u_Cは，不確かさの伝播則によりそれぞれ次式のように計算される。ここで，u_{B1}，u_{B2}，u_{C1}，u_{C2}は**表**に示すようにB，Cの要因別の不確かさである。

$$u_A=u_A$$

$$u_B=\sqrt{u_{B1}^2+u_{B2}^2}$$

$$u_C=\sqrt{u_{C1}^2+u_{C2}^2}$$

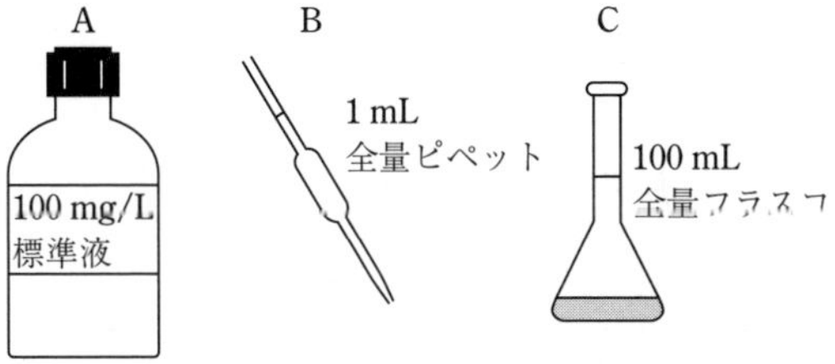

図　使用する標準物質と計量器

表

	A	B	C
名　称	標準液	全量ピペット	全量フラスコ
計量器の種類	標準物質	体積計	体積計
値	100 mg/L	1.0 mL	100 mL
不確かさの要因	調製濃度（u_A）	容量（u_{B1}）	容量（u_{C1}）
		採取操作（u_{B2}）	希釈操作（u_{C2}）

希釈操作の不確かさ（u とする）は，この三つの不確かさを合成して求められるが，Bの容量は1 mL，Cは100 mLで不確かさの寄与率はBのほうが100倍大きい。そのため相対値にして合成する。希釈標準液の濃度は $100\times1.0/100=1.0$〔mg/L〕である。

問題の条件より，体積計の公差以外の不確かさの要因は考慮しないので，u_{A}，u_{B2}，u_{C2} は0となり，上式は次式のようになる。

$$\frac{u}{1.0}=\sqrt{\left(\frac{u_{\mathrm{B1}}}{1.0}\right)^2+\left(\frac{u_{\mathrm{C1}}}{100}\right)^2}$$

ガラス体積計の容量のばらつきは許容誤差で示される。許容誤差は $\sqrt{3}$ で割ると標準偏差に換算できるので $u_{\mathrm{B1}}=u_{\mathrm{C2}}=1/\sqrt{3}$ となる。

$$\begin{aligned}u&=\sqrt{\left(\frac{0.01/\sqrt{3}}{1.0}\right)^2+\left(\frac{0.01/\sqrt{3}}{100}\right)^2}\\&=\left(\frac{0.01}{\sqrt{3}}\right)\sqrt{1.0+0.0001}\\&\approx\left(\frac{0.01}{\sqrt{3}}\right)\times1.0\\&\approx\frac{0.01}{1.73}\ \text{〔mg/L〕}\\&\approx5.78\times10^{-3}\ \text{〔mg/L〕}\end{aligned}$$

これに近いのは選択肢**5**である。

正解　**5**

問 3

ガスクロマトグラフィーにおける理論段数及び理論段相当高さに関する次の記述の中から，誤っているものを一つ選べ。

1　キャピラリーカラムの固定相膜厚を薄くすると，理論段相当高さは小さくなる。

2　キャピラリーカラムのカラム内径を小さくすると，理論段数は大きくなる。

3　理論段数1段あたりのカラムの長さが，理論段相当高さである。

4　カラムの長さが同じ場合，理論段相当高さが大きいほど分離性能が高くなる。

5　キャリヤーガスの線速度は，理論段相当高さに影響する。

題 意　ガスクロマトグラフィーの理論段数に関する知識を問う設問である。

解 説　ガスクロマトグラフィーのデータは，**図1**の左側に示すように，検出器で測定された信号強度を時間に対してプロットしたクロマトグラムで表される。重要なパラメータは T_R（保持時間），ピークの高さ h，ピークの幅 W である。

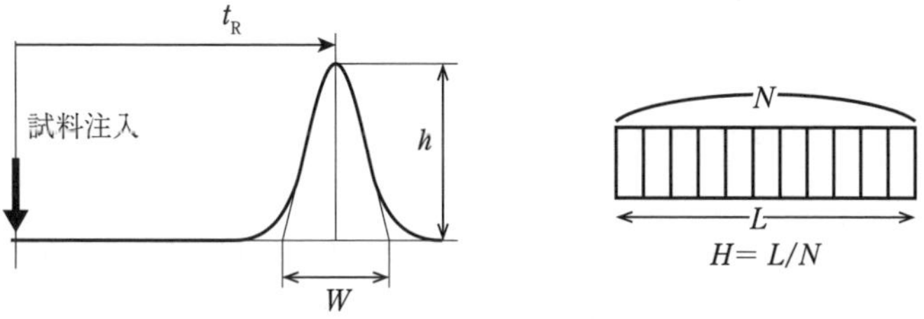

図1　理論段数 N と理論段相当高さ H

クロマトグラフのカラム分離のメカニズムは，図1の右側に示すように，段理論に基づいてカラムを微小なセル（分配槽）が連続したものと想定して，このセルの数（理論段数：N）が多いカラムほど分離効率がよいとされる。

カラムの性能を比較するためには，カラムの長さ L を一つの微小セルの長さに相当する理論段相当高さ（HETP：height equivalent to the theoretical plate）H に換算するとわかりやすくなる。

$$H = \frac{L}{N}$$

N が大きいほど H が小さくなり，そのカラムの性能がよいことになる。

理論段相当高さ H とキャリヤーガスの流速（線速度）〔cm/min〕との関係はファン・デムテール（Van Deemter）の式で表される。

$$H = A + \frac{B}{u} + Cu$$

ここで，A は多流路の拡散係数，B はカラムの軸方向の分子拡散に関する係数，C は液層 / 気相間の物質移動についての非平衡拡散に関する係数である（**図2**）。

選択肢 **1** は正しい。ファン・デムテールの式の C は固定相の膜厚が薄くなると小さ

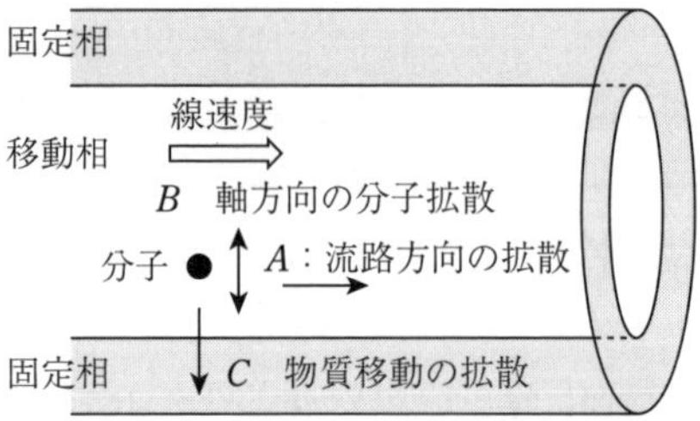

図 2　ファン・デムテールの式の係数の意味

くなり，その結果 H は小さくなる。

選択肢 **2** は正しい。ファン・デムテールの式の C はキャピラリーカラムの内径が小さくなるほど小さくなり，その結果，理論段相当高さ H は小さくなり，理論段数 N は大きくなる。

選択肢 **3** は正しい。理論段相当高さ H はカラムの長さ L を理論段数 N で割ったものであり，理論段数 1 段当りのカラムの長さに相当する。

選択肢 **4** は誤りである。理論段相当高さ H が大きいと，理論段数 N が少なくなり，分離効率は悪くなる。

選択肢 **5** は正しい。**図 3** のように，キャリヤーガスの流速（線速度）により理論段相当高さは変化する。

【正 解】 **4**

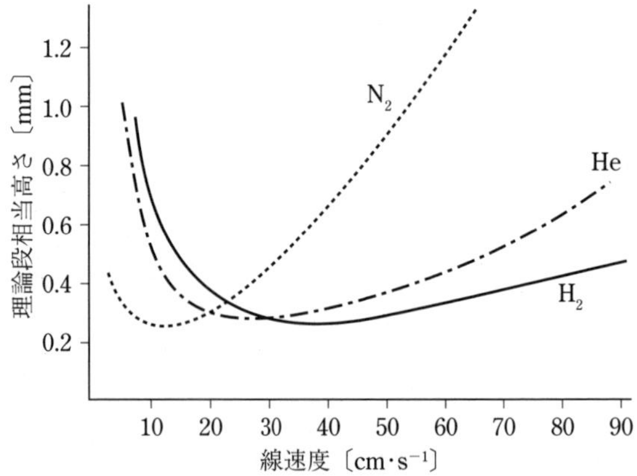

図 3　線速度と理論段相当高さの関係
〔日本分析化学会ガスクロマトグラフィー研究懇談会 編：
ガスクロ自由自在 Q&A，丸善（2007 年）から〕

問 4

「JIS K 0102 工場排水試験方法」に規定されている，キレート樹脂による金属元素の分離濃縮法に関する次の記述の中から，誤っているものを一つ選べ。

1　カドミウムの分離濃縮には，キレート樹脂を充てんしたカラム又はキレート樹脂を固定化したディスクを使用できる。

2　酢酸アンモニウム溶液は，キレート樹脂の洗浄及び試料溶液の pH 調整のために用いる。

3　キレート樹脂に吸着した測定対象元素は，硝酸を用いて溶出させる。

4　ナトリウム及びカリウムの分離濃縮に適している。

5　空試験を行い，試料の測定について得た指値を補正する。

［題 意］　キレート樹脂による金属元素の分離濃縮法に関する設問である。

［解 説］　「JIS K 0102 工場排水試験方法」では，水中の金属元素の試験における前処理操作として，まず試料に塩酸，硝酸，硫酸，過塩素酸などの酸を加えて加熱して共存する有機物，懸濁物および金属錯体の分解を行う。この酸溶液にキレート剤を加えて有機溶媒を用いた溶媒抽出を行うことで目的元素の分離濃縮を行うことになって

表　JIS K 0102：2013 でキレート樹脂による分離濃縮法が追加された試験項目

項目番号．試験項目	方　　法
28.　フェノール類	28.1.2　4-アミノアンチピリン吸光光度法 （備考）固相抽出法による濃縮操作を追加
52.　銅（Cu）	52.2　フレーム原子吸光法， 備考 6.　キレート樹脂による分離濃縮法 52.3　電気加熱原子吸光法 52.4　ICP 発光分光分析法 52.5　ICP 質量分析法
53.　亜鉛（Zn） 54.　鉛（Pb） 55.　カドミウム（Cd） 57.　鉄（Fe） 59.　ニッケル（Ni） 60.　コバルト（Co）	銅と同じ
73.　ウラン（U）	ICP 発光分光分析法， ICP 質量分析法

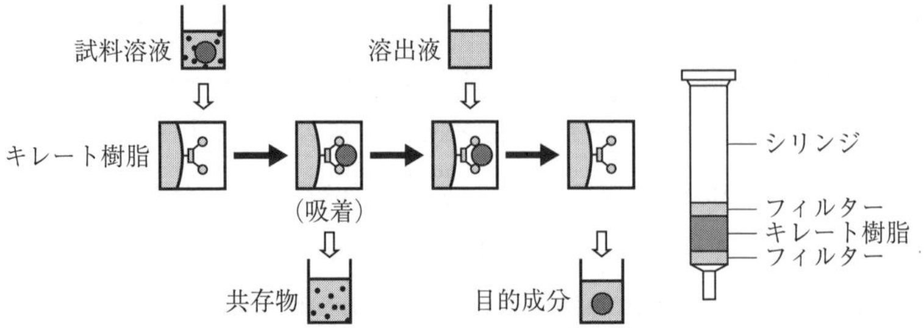

図　キレート樹脂による分離濃縮法の操作手順と固相抽出カートリッジ

いたが，**表**に示すように2013年の改正によって**図**に示すキレート樹脂による分離濃縮法が追加された。

この方法は一般に固相抽出法と呼ばれる分離濃縮法の一つであり，有害な有機溶媒を用いずに効率的に分離できること，また大量の試料を処理して濃縮することが可能であること，使用する器具の洗浄が容易なことなどから最近少しずつ利用されるようになってきている。この方法は銅，亜鉛，カドミウム，鉄，ニッケルおよびコバルトの定量に応用できる。

選択肢**1**は正しい。カドミウムの分離濃縮にキレート樹脂を用いることができる。

選択肢**2**は正しい。キレート樹脂カラムまたはディスクは使用の前に，硝酸，水，酢酸アンモニウム溶液を流下して固相の洗浄および調整を行う。また試料を流下して測定元素を固相に吸着させた後，pHを調整した酢酸アンモニウム溶液で洗浄する。酢酸アンモニウム溶液はアンモニア水とともに試料のpH調整に用いられる。

選択肢**3**は正しい。キレート樹脂に吸着された金属イオンは硝酸によって溶出する。

選択肢**4**は誤りである。ナトリウム，カリウムなどのアルカリ金属イオンはキレートを生成せず，キレート樹脂に吸着しない。

選択肢**5**は正しい。試料の代わりに同量の水を用いて抽出操作を行って測定を行い，試料について得た指示値を補正する。

【正 解】 **4**

問 5

「JIS B 7952 大気中の二酸化硫黄自動計測器」に規定されている，溶液導電率方式の測定原理に関する次の記述の（ア）～（ウ）に入る語句の組合せとして，正しいものを一つ選べ。

試料ガスを硫酸酸性の［(ア)］溶液に通じると，試料ガスに含まれる二酸化硫黄が酸化されて［(イ)］を生成する。生成した［(イ)］による溶液の導電率増加量から試料大気中の二酸化硫黄の濃度を求める。この方式は，［(ウ)］などの影響を無視できる場合又は除去できる場合に適用できる。

	（ア）	（イ）	（ウ）
1	過酸化水素	硫化水素	芳香族炭化水素
2	過酸化水素	硫酸	アンモニア
3	アスコルビン酸	硫酸	芳香族炭化水素
4	アスコルビン酸	硫化水素	アンモニア
5	アスコルビン酸	硫化水素	芳香族炭化水素

題意　二酸化硫黄自動計測における溶液導電率方式の測定原理に関する設問である。

解説　「JIS B 7952 大気中の二酸化硫黄自動計測器」は大気中の二酸化硫黄濃度を連続的に測定する方法として，紫外線蛍光方式と**図**に示した溶液導電率方式による自動計測器について規定している。このほか付属書に電量方式および定電位電解方式が参考として記載されている。

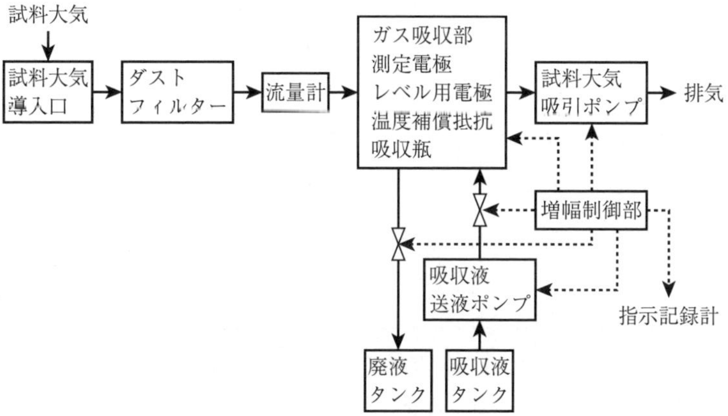

図　溶液導電率方式計測器の構成例

吸収液をレベル計を用いて 20 mL 採取した後，1 L/min で吸収瓶に導入し，試料大気中の二酸化硫黄を吸収液中に捕集する。吸収液は 5 μmol/L の硫酸を含む過酸化水素溶液である。この溶液に二酸化硫黄を含む試料ガスを通じると，二酸化硫黄は過酸化水素で酸化されて硫酸となる。この方式では試料ガスに含まれる可能性のあるアンモニア，塩化水素など，吸収液に溶けて溶液の導電率を変化させるガスは測定値に干渉を与える。

これらより，（ア）は過酸化水素，（イ）は硫酸，（ウ）はアンモニアであり，この組合せは選択肢 **2** である。

【正 解】 2

問 6

「JIS K 0102 工場排水試験方法」に規定されている，よう素滴定法による溶存酸素の定量法に関して，下線部 (a) ～ (d) に記述した語句の正誤の組合せとして正しいものを一つ選べ。

試料に，硫酸マンガン（Ⅱ）溶液とアルカリ性 (a)よう化カリウム - アジ化ナトリウム溶液を加えて生成した (b)水酸化マンガン（Ⅲ）の白色沈殿が，溶存酸素によって (c)水酸化マンガン（Ⅱ）の褐色沈殿となる。次に，(d)硫酸を加えてこの沈殿を溶かし，遊離したよう素をチオ硫酸ナトリウム溶液で滴定して溶存酸素を定量する。

	(a)	(b)	(c)	(d)
1	正	誤	誤	正
2	正	正	正	正
3	誤	正	正	誤
4	誤	誤	誤	正
5	正	誤	誤	誤

【題 意】 よう素滴定法による溶存酸素の定量操作に関する設問である。

【解 説】 「JIS K 0102 工場排水試験方法」では溶存酸素の定量法として，よう素滴定法，ミラー変法，隔膜電極法又は光学式センサー法が規定されている。これらの溶存酸素定量法は生物化学的酸素消費量（BOD）の測定に使用される。

よう素滴定法では，変化しやすい溶存酸素をアルカリ性のもとで水酸化マンガン（Ⅲ）の褐色沈殿に置き換えて安定化させる。この溶液に硫酸を加えると沈殿した水酸化物が溶解して Mn（Ⅲ）イオンが遊離し，さらにこの Mn（Ⅲ）イオンが先に添加してあったよう化物イオンをよう素に酸化する。

設問の (a) よう化カリウム - アジ化ナトリウム溶液は正しい。(b) 水酸化マンガン（Ⅲ）は誤りであり，正しくは（Ⅱ）である。(c) 水酸化マンガン（Ⅱ）は誤りであり，正しくは（Ⅲ）である。(d) 硫酸は正しい。

正しい組合せは選択肢 **1** である。

正 解 **1**

問 7

「JIS K 0102 工場排水試験方法」に規定されている ICP 発光分光分析法に関する次の記述の中から，誤っているものを一つ選べ。

1 鉛，カドミウム，亜鉛，銅の同時定量ができる。

2 内標準元素としてイットリウムが挙げられているが，対象元素によってはインジウム，イッテルビウムも使用できる。

3 ひ素，アンチモンの定量には，水素化物発生 ICP 発光分光分析法が使用できる。

4 カルシウム，マグネシウム，ほう素の定量に使用できる。

5 鉛，カドミウムなどのキレート錯体を抽出した有機溶媒を直接 ICP に導入して，それらの元素を定量することはできない。

題 意 ICP 発光分光分析法の測定対象元素に関する設問である。

解 説 ICP 発光分光分析は ICP（inductively coupled plasma：高周波誘導結合プラズマ）を光源とする発光分光分析法である。高温のアルゴンプラズマに試料溶液を霧状にして導入すると溶液中の元素が励起される。励起された元素が基底状態に戻る際に固有の波長の光を放出する。この光を分光して波長から元素の定性を，発光強度から定量を行うことができる。

ICP 発光分光分析装置は，**図 1** に示すように励起源部，試料導入部，発光部，分光測光部，データ処理部および制御システム部から構成される。

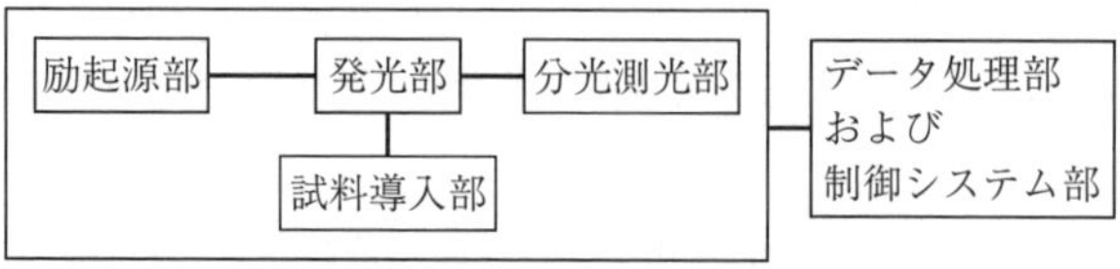

図 1　ICP 発光分光分析装置の構成例

励起源部は発光部を維持するために電気エネルギーを供給・制御する電源回路および制御回路からなる。

試料導入部は発光部に試料を導入するための部分である。

発光部は試料中の分析対象元素を励起，発光させるための部分であり，**図 2** に示すようにトーチおよび誘導コイルからなる。トーチは三重管で，中心の管から試料が導入される。プラズマを形成するためのガスにはアルゴンが用いられる。

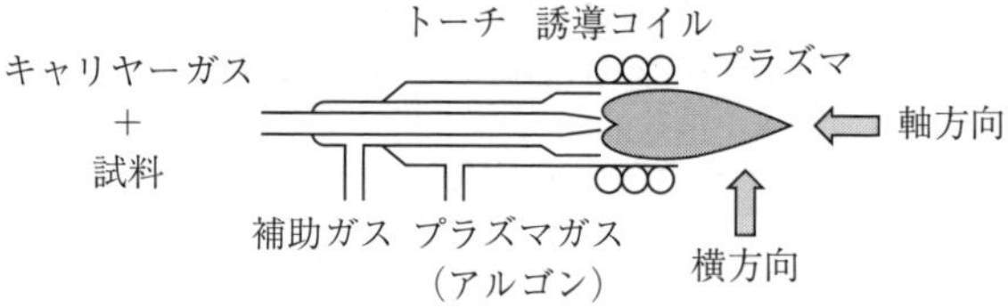

図 2　発光部（ICP）の例

分光測光部は，集光系，分光部および検出器で構成される。

データ処理部は，データ処理を行い，検量線，測定結果などを表示する。

表　「JIS K 0102 工場排水試験方法」で ICP 発光分光分析法が用いられる元素

項番号	47	50	51	52	53	54	55	56
元素	ほう素	カルシウム	マグネシウム	銅	亜鉛	鉛	カドミウム	マンガン
項番号	57	58	59	60	61	62	63	64
元素	鉄	アルミニウム	ニッケル	コバルト	ひ素	アンチモン	すず	ビスマス
項番号	65.1	65.2	67	68	69	70		
元素	全クロム	クロム（Ⅵ）	セレン	モリブデン	タングステン	バナジウム		

制御システム部は，ガス流量，トーチ測光位置，励起源部の電力などを制御する。

表に「JIS K 0102 工場排水試験方法」でICP発光分光分析法が用いられる元素を示す。

選択肢**1**は正しい。

選択肢**2**は正しい。

選択肢**3**は正しい。ひ素，アンチモン，セレンの3元素は水素化合物発生ICP発光分光分析法で行うように規定されている。

選択肢**4**は正しい。

選択肢**5**は誤りである。銅，亜鉛，鉛，カドミウム，マンガン，鉄，ニッケル，コバルト，モリブデン，バナジウムはキレート錯体をキシレン抽出した場合は，キシレン層をそのまま噴霧して測定対象の各元素の発光強度を測定して定量する。

【正 解】 **5**

問 8

「JIS K 0104 排ガス中の窒素酸化物分析方法」において，二酸化窒素のみが対象成分ガスとして規定されている方法を，次の中から一つ選べ。

1　亜鉛還元ナフチルエチレンジアミン吸光光度法（Zn-NEDA法）

2　イオンクロマトグラフ法

3　フェノールジスルホン酸吸光光度法（PDS法）

4　ナフチルエチレンジアミン吸光光度法（NEDA法）

5　ザルツマン吸光光度法

【題 意】 排ガス中窒素酸化物分析法に関する設問である。

【解 説】 「JIS K 0104 排ガス中の窒素酸化物分析方法」に規定されている分析方法は**表**に示す5法である。

表　「JIS K 0104 排ガス中の窒素酸化物分析方法」に規定されている分析方法

分析方法の種類	要　旨	対象成分ガス
亜鉛還元ナフチルエチレンジアミン吸光光度法（Zn-NEDA法）	窒素酸化物をオゾンで酸化し，吸収液に吸収させて硝酸イオンとする。亜鉛粉末で亜硝酸イオンに還元してスルファニルアミドおよびナフチルエチレンジアミン二塩酸塩溶液を加えて発色させ，吸光度（545 nm）を測定する。	$NO + NO_2$

表　（つづき）

分析方法の種類	要　旨	対象成分ガス
ナフチルエチレンジアミン吸光光度法（NEDA 法）	アルカリ吸収液に吸収させて亜硝酸イオンとし，スルファニルアミドおよびナフチルエチレンジアミン二塩酸塩溶液を加えて発色させ，吸光度（545 nm）を測定する。	$NO + NO_2$
イオンクロマトグラフ法	オゾンまたは酸素で酸化し吸収液に吸収させて硝酸イオンとする。イオンクロマトグラフに導入する。	$MO + NO_2$
フェノールジスルホン酸法（PDS 法）	オゾンまたは酸素で酸化し，吸収液に吸収させて硝酸イオンとする。フェノールジスルホン酸で発色させ，吸光度（400 nm）を測定する。	$NO + NO_2$
ザルツマン吸光光度法	二酸化窒素を吸収発色液に吸収させ，吸光度（545 nm）を測定する。	NO_2

二酸化窒素のみを対象成分ガスとする方法はザルツマン吸光光度法であり，選択肢 **5** である。

【正 解】 **5**

【問】 9

電気加熱原子吸光分析を用いた検量線法による亜鉛の定量において，「分析に使用するスペクトル線が，試料のミスト及び固体粒子によって散乱されることにより，見かけの吸光度が大きくなる干渉」が見られた。その対策として正しいものを，次の記述の中から一つ選べ。

1　標準添加法で定量する。

2　還元気化方式の原子化部を用いる。

3　ダブルビーム方式の光学系を用いる。

4　ゼーマン分裂補正方式のバックグラウンド補正を用いる。

5　国家標準にトレーサブルな標準液を用いる。

【題 意】 電気加熱原子吸光分析法における分光干渉に関する設問である。

【解 説】 原子吸光分析において，分析値に影響を及ぼす干渉は，分光干渉，物理干渉，化学干渉などに分けられる。

分光干渉は，分析に使用するスペクトル線に関する干渉である。

物理干渉は，試料溶液の粘性や表面張力などの物理的条件の影響による干渉である。

化学干渉は，フレームおよび電気加熱炉中での原子のイオン化によって吸光度が低下したり，分析対象元素が共存成分と作用して解離しにくい化合物が生成されて吸光度が低下する現象である。

設問の「分析に使用するスペクトル線が，試料のミスト及び固体粒子によって散乱されることにより，見かけの吸光度が大きくなる干渉」は分光干渉であり，これはバックグラウンド補正により干渉を除去できる。

選択肢 **1** は誤りである。標準添加法は定量方法の一つであり，バックグラウンド吸収が補正されており，かつ検量線が良好な直線性を保つ場合にだけ有効である。

選択肢 **2** は誤りである。還元気化方式は水銀分析専用原子吸光法に用いられる。

選択肢 **3** は誤りである。ダブルビーム方式の光学系は光束をハーフミラーなどによって分割し，一方を原子化部に通過させ，他方は迂回する。後者を参照光として光強度変化を補正するものである。

選択肢 **4** は正しい。前述のようにこの干渉はバックグラウンド補正により除去できる。バックグラウンド補正方式には，連続スペクトル光源補正方式，ゼーマン分裂補正方式，非共鳴近接線補正方式及び自己反転補正方式の 4 種類がある。

選択肢 **5** は誤りである。国家標準にトレーサブルな標準液を用いても分光干渉は除去できない。計量証明事業者が計量証明のために測定する場合は，検量線作成用標準液は国家標準にトレーサブルな標準液（計量標準供給制度に基づき供給されている JCSS（Japan Calibration Service System）のロゴ付証明書を付した標準液）を使用しなければならない。

正解は **4** である。

［正 解］ 4

問 10

「JIS K 0098 排ガス中の一酸化炭素分析方法」に関する次の記述の中から，誤っているものを一つ選べ。

1　ガスクロマトグラフ法における試料採取には，注射筒を用いることができる。

2　捕集バッグによる試料採取においては，ガス透過性の大きい捕集バッグを用いることができる。

3　赤外線吸収法では，連続的な測定をすることができる。

4　ガスクロマトグラフ法では，メタン化反応装置及び水素炎イオン化検出器を用いることができる。

5　ガスクロマトグラフ法では，カラムの充填剤として合成ゼオライトを用いることができる。

題意　一酸化炭素分析方法の手法に関する設問である。

解説　「JIS K 0098 排ガス中の一酸化炭素分析方法」では，**表**に示す三つの分析方法が規定されている。

表　「JIS K 0098 排ガス中の一酸化炭素分析方法」で規定されている分析方法

分析方法の種類	分析方法の概要	試料採取方法
ガスクロマトグラフ法	a)　熱伝導度検出器（TCD） b)　光イオン化検出器（PID） c)　メタン化反応装置および水素炎イオン化検出器（FID） 上記のいずれかの検出器を備えたガスクロマトグラフを用い，絶対検量線法によって一酸化炭素濃度を求める。	注射筒，捕集バッグ法または捕集瓶法による。 試料ガス採取量 100 mL ～ 10 L 程度
検知管法	a)　パラジウム塩が還元され，金属パラジウムを析出し，黄色から黒褐色に変色する。 b)　五酸化二よう素が還元され，白から褐色に変色する。 いずれも変色の長さを基に一酸化炭素濃度を求める。	捕集バッグ法又は直接採取法による。 試料ガス採取量（捕集バッグ法）：5 ～ 10 L 程度
自動計測法	a)　赤外線吸収方式 b)　定電位電解方式	捕集バッグ法または連続測定

選択肢 **1** は正しい。

選択肢 **2** は誤りである。ガス透過性の大きい材質では採取したガスが効果的に採取できない。四ふっ化エチレン樹脂製，ポリプロピレン製など，ガス透過性の小さいガス採取用のもので内容積 1 L 以上の袋を用いる。

選択肢 **3** は正しい。自動計測法による測定は「JIS B 7987 排ガス中の一酸化炭素自動計測器」に赤外線吸収方式と定電位電解方式が規定されている。赤外線吸収方式は，非分散型（NDR）赤外線ガス分析計を用いる。

選択肢 **4** は正しい。ガスクロマトグラフ法の c）法は，カラムで分離した一酸化炭素をメタン化反応装置でメタン化し，水素炎イオン化検出器により高感度の測定を行うものである。

選択肢 **5** は正しい。カラムの充填剤は合成ゼオライトまたはカーボンモレキュラーシーブを用いるが，そのほかに活性炭，ポリマー等を用いることもできる。

正 解　**2**

問 11

「JIS B 7959 大気中及び排ガス中のガス濃度計 ― 取引又は証明用」に規定されている濃度計として，誤っているものを一つ選べ。

1　磁気式酸素濃度計

2　紫外線式二酸化硫黄濃度計

3　紫外線式窒素酸化物濃度計

4　非分散型赤外線式水素濃度計

5　非分散型赤外線式一酸化炭素濃度計

題 意　環境計量証明事業に用いられるガス濃度計に関する設問である。

解 説　「JIS B 7959 大気中及び排ガス中のガス濃度計 ― 取引又は証明用」は，日本国内において取引または証明に用いるガス濃度計が計量法の特定計量器として要求される要件のうち，性能，検定公差，検定の方法，使用中検査等に関わる技術上の基準および試験方法を規定している。

適用される濃度計は，**表**に示す九つの濃度計である。

この表にないものは選択肢 **4** の非分散型赤外線式水素濃度計である。この名称には二つの間違いがある。水素は環境計量の対象物質ではなく，また水素分子は等核二原子分子であり赤外線を吸収しないため非分散型赤外線ガス濃度計で測定することはできない。

表　濃度計と条件

	濃度計	条　件
a	ジルコニア式酸素濃度計	計ることのできる最高の濃度が 50 vol%以上 25 vol%以下。
b	溶液伝導率式二酸化硫黄濃度計	計ることのできる最高の濃度が 50 vol ppm 以上。
c	磁気式酸素濃度計	計ることのできる最高の濃度が 5 vol%以上 25 vol%以下。
d	紫外線式二酸化硫黄濃度計	計ることのできる最高の濃度が 50 vol%以上。
e	紫外線式窒素酸化物濃度計	計ることのできる最高の濃度が 25 vol%以上。
f	非分散型赤外線式二酸化硫黄濃度計	
g	非分散型赤外線式窒素酸化物濃度計	
h	非分散型赤外線式一酸化炭素濃度計	最小の目量が 100 vol ppm 未満のもの及び最小の目量が 100 vol ppm 以上 200 vol ppm 未満のものであって，計ることのできる最高の濃度が 5 vol%未満。
i	化学発光式窒素酸化物濃度計	計ることのできる最高の濃度が 25 vol ppm 以上。

【正　解】 **4**

問 12

純度（質量分率）95 %のある物質を 200 mg はかりとり，1.0 kg の溶媒に希釈して，標準液を調製した。この標準液の濃度を質量濃度（mg/L）で表したときの値として，最も近いものを次の中から一つ選べ。なお，調製した標準液の密度は 0.90 g/mL であった。

1　170

2　180

3　190

4　210

5　220

【題　意】 質量濃度の計算問題である。

【解　説】 標準液濃度の計算方法を**図**に示す。

図　標準液濃度の計算方法

この設問が要求している標準液の質量濃度を x〔mg/L〕とする。

ある物質の純度は 95 %なので物質の量は（200 × 0.95）mg である。

調製された標準液の量は（0.2 + 1 000）g で，ほぼ 1 000 g と見なせる。密度が 0.90 g/mL なので容積は（1 000/（0.90 × 10^3））L となる。

以上より

$$x = \frac{200 \times 0.95}{1\,000 / (0.9 \times 10^3)} = \frac{200 \times 0.95 \times 0.9 \times 10^3}{1\,000} = 171 \text{〔mg/L〕}$$

171 mg/L に最も近いのは選択肢 **1** の 170 である。

【正　解】 **1**

問 13

「JIS K 0095 排ガス試料採取方法」に規定されている試料ガス吸引採取方式のうち，連続分析かつ多成分同時測定の場合の構成を示した次の模式図について，（ア）～（ウ）に入る語句の組合せとして，正しいものを一つ選べ。

	（ア）	（イ）	（ウ）
1	採取管	除湿器	分岐管
2	除湿器	洗浄瓶	分岐管
3	除湿器	分岐管	洗浄瓶
4	除湿器	採取管	分岐管
5	採取管	除湿器	洗浄瓶

【題　意】 排ガス試料採取装置の構成に関する設問である。

【解　説】 「JIS K0095 排ガス試料採取方法」では，連続分析かつ多成分同時測定の場合の構成は，つぎのようになっている。

図 1 に示した採取管は，ダクトなどに設置されている採取口に挿入して試料ガスを採取する管で，排ガスの組成，温度などを考慮して分析成分と化学反応や吸着作用などを起こさず，腐食されにくく，十分な耐熱性および機械的強度を保てるものを選択する。これは導管，分岐管なども同様である。材質としてほうけい酸ガラス，シリカガラス，ステンレス鋼，チタン，セラミックス，四ふっ化エチレン樹脂などがある。

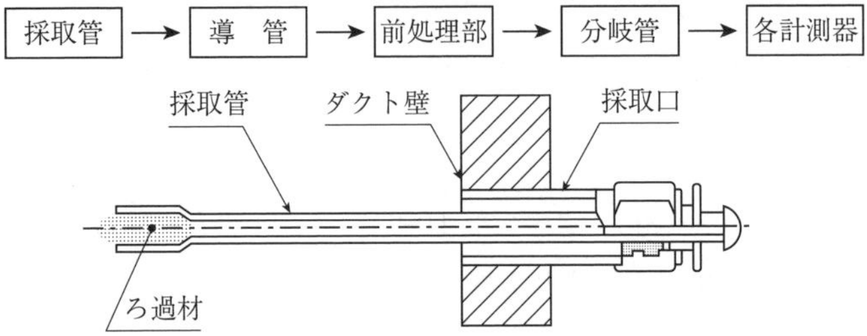

図 1　採取管の例

導管は採取管と前処理部を接続する管で，なるべく短くする。採取管と導管は試料ガス中の水分などが凝縮しないように保温または加熱することがある。

連続分析のための前処理部は，**図 2** に示した除湿器，気液分離器などからなる。除湿器は計測器内部で試料ガス中の水分が凝縮しない程度に除湿するもので，自然空冷式，強制空冷式，水冷式，電子冷却式および半透膜気相除湿方式がある。気液分離器は除湿器の後段に接続して，除湿器で発生した凝縮水を試料ガスから速やかに分離させるためのものである。気液分離器は気液分離管と凝縮水トラップからなる。

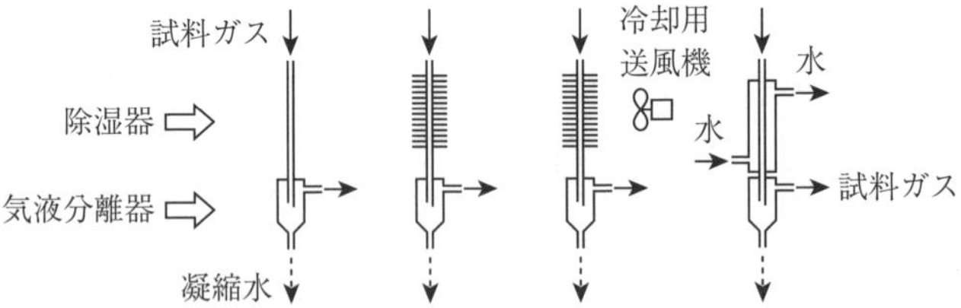

図 2　除湿器と気液分離器

分岐管は，多成分同時定量の際に，一つの採取管で採取した試料ガスをそれぞれの計測器に導入するためのものである。

以上より，（ア）は採取管，（イ）は除湿器，（ウ）は分岐管で，この組合せは選択肢 **1** である。

正解　**1**

問 14

次に挙げる分析方法の種類とその試料採取法との組合せの中から，「JIS K 0086 排ガス中のフェノール類分析方法」に規定されていないものを一つ選べ。

	分析方法の種類	試料採取法
1	イオンクロマトグラフ法	吸収瓶法
2	ガスクロマトグラフ法	真空捕集瓶法
3	ガスクロマトグラフ法	捕集バッグ法
4	4－アミノアンチピリン吸光光度法	吸収瓶法
5	紫外吸光光度法	吸収瓶法

題意　排ガス中のフェノール類分析方法と試料採取方法に関する設問である。

解説　「JIS K 0086 排ガス中のフェノール類分析方法」に規定されている分析方法と試料採取法を**表**に示す。

表　「JIS K 0086 排ガス中のフェノール類分析方法」に規定されている分析方法と試料採取法

分析方法の種類	分析方法概要	試料採取
ガスクロマトグラフ法	試料ガス中のフェノール類を吸収液に吸収させ，または捕集バッグ等に採取し，ガスクロマトグラフに導入して得られたクロマトグラムからフェノール類を定量する。	吸収瓶法 真空捕集瓶法 捕集バッグ法
4-アミノアンチピリン吸光光度法	試料ガス中のフェノール類を吸収液に吸収させた後，4-アミノアンチピリン溶液およびフェリシアン化カリウム溶液を加え，生成したアンチピリン色素の吸光度（510 nm）を測定する。	吸収瓶法 吸収液：0.4％水酸化ナトリウム溶液 液量：50 mL × 2
紫外吸光光度法	試料ガス中のフェノール類を吸収液に吸収させた後，この溶液の吸光度（270 nm）を測定する。	吸収瓶法 吸収液：水

選択肢 **1** は誤りである。イオンクロマトグラフ法は使用されない。

選択肢 **2** は正しい。ガスクロマトグラフ法では真空捕集瓶で試料採取できる。

選択肢**3**は正しい。ガスクロマトグラフ法では捕集バッグも用いられる。

選択肢**4**は正しい。4-アミノアンチピリン吸光光度法では水酸化ナトリウムを吸収液として吸収瓶で捕集する。

選択肢**5**は正しい。紫外吸光光度法では，水を吸収液として吸収瓶で捕集する。

【正 解】 **1**

【問】15

「JIS K 0121 原子吸光分析通則」に規定されている高圧ガス容器や配管に関して，次の記述の中から誤っているものを一つ選べ。

1　高圧ガス容器は，二か所以上で固定するなど，地震対策を考慮する。

2　高圧ガス容器は，直射日光及び風雨氷雪などにさらされないようにする。

3　高圧ガス容器は，戸外に設置してはならない。

4　配管のガス漏れ点検は，石けん液塗布などの方法により行う。

5　アセチレン用配管には，銅含有率が62％以上の合金を使用してはならない。

【題 意】 高圧ガス容器や配管に関する注意事項に関する設問である。

【解 説】「JIS K 0121 原子吸光分析通則」では，高圧ガス保安法，一般高圧ガス保安規則及び「JIS K 0050　化学分析方法通則」の 14.a)（安全衛生）の規定に従うほか，以下の事項に十分注意するように特に記載されている。

a)　高圧ガス供給設備設置上の注意

1)　高圧ガス容器は，できるだけ戸外に設置し，配管によってガスを装置に導く。

2)　高圧ガス容器は，通風のよい場所に設置し，直射日光及び風雨氷雪にさらされないようにするとともに 40℃以下に保つ。

3)　高圧ガス容器は，2 か所以上を固定するなど，地震対策なども考慮する。
なお，高圧ガス容器の固定にホルダーを使用する場合は，ホルダーも固定する。

4)　高圧ガス容器類は，静電気を帯びることがあるので，接地を行う。また，燃料ガス容器は，静電気の帯電防止のため，ゴム，合成樹脂板などの絶縁物の上に置かない。

5)　アセチレンの容器は，アセトンの流出防止のため，必ず直立のまま貯蔵又は使用する。

6)　アセチレン用配管には，鋼又は銅含有率が 62 %以上の合金を使用しない。

7)　一酸化二窒素用圧力調節器は，凍結防止形のものを使用する。

8)　配管のガス漏れの点検は，石けん液を塗布するなどの方法によって行う。

b)　高圧ガス及び装置の取扱い上の注意

1)　高圧ガス供給設備及び装置の円滑な運転と安全な作業を進めるため，点検項目，頻度などを定めて，日常点検及び定期点検を行う。
2)　燃料ガス又は酸素を使用する設備付近では，引火性又は発火性物質を取り扱わない。また，それらの物質を置かない。
3)　弁の開閉を粗暴に行わない。
4)　ガス容器には十分なガスが残っていることを確認のうえ，使用する。
5)　アセチレンは，0.1 MPa 以上の圧力（ゲージ圧）で使用しない。
6)　緊急時対策として，アセチレン使用中は，アセチレン容器の開閉用ハンドルを取り付けたままにしておく。また，弁は1.5回転以上開かない。
7)　装置の安全機構は，みだりに手を加えたり改造しない。
8)　試料原子化部，接続部などにガス漏れがないことを確かめるとともに，点火前に，使用するバーナーヘッドに適したガス圧及び流量であることを確認する。
9)　バーナーに手動で点火するときは，初めに助燃ガスを流し，次に燃料ガスを流して点火する。消火するときは，初めに燃料ガスを止め，次に助燃ガスを止める。
10) アセチレン・一酸化二窒素に点火するときは，初めにアセチレン・空気に点火し，アセチレン流量を指定流量まで増加する。
　次に，切替弁などを使用して空気を一酸化二窒素に切り替える。
　消火は，以上の操作の逆を行う。
11)　燃焼中は，ガスの圧力及び流量に注意し，ガスの圧力及び流量に異常が生じた場合は，直ちに消火する。
12)　燃焼中は，フレームを直視しないこと。必要な場合は，遮光板，保護めがねなどを使用する。
13)　燃料ガスにアセチレンを使用する場合は，銅，銀，水銀などを多量に含む溶液の噴霧を避ける。このような溶液を噴霧すると，チャンバー内に爆発性の金属アセチリドが析出するおそれがある。
14)　過塩素酸及びその塩類を多量に含む溶液を噴霧したときは，分析終了後にチャンバー，バーナーヘッドなどを洗浄する。
15)　万一に備えて，消火器及び消火砂を準備しておく。

選択肢 **1** は正しい。注意事項 a) の 3) に記載されている。

選択肢 **2** は正しい。a) 2) に記載されている。

選択肢 **3** は誤りである。a) 1) に「高圧ガス容器は，できるだけ戸外に設置し，配管によってガスを装置に導く。」と記述されている。

選択肢 **4** は正しい。a) 8) に記載されている。

選択肢 **5** は正しい。a) 6) に記載されている。銅と亜鉛の合金は真鍮（黄銅，ブラス）と呼ばれ一般によく用いられるものは銅65 %のものである。アセチレンは銅，銀，水銀などと爆発性の化合物を生成するので，アセチレンガスの配管には用いてはならない。

正 解　**3**

問 16

「JIS K 0303 排ガス中のホルムアルデヒド分析方法」に規定されている分析方法に関する次の記述の中から，誤っているものを一つ選べ。

1　排ガスの採取位置には，排ガスの流れ方向に対してほぼ直角にガス採取管を挿入できる採取口を設ける。

2　試料ガス中にダストなどが混入することを防ぐため，試料ガス採取管の先端又は後段に，適切なろ過材を装着する。

3　DNPH（2,4-ジニトロフェニルヒドラジン）は乾燥すると爆発性のある危険な物質であるので，開封後は乾燥しないように注意して保管する。

4　ほう酸吸収瓶捕集による AHMT（4-アミノ-3-ヒドラジノ-5-メルカプト-1,2,4-トリアゾール）吸光光度法は，試料ガス中に二酸化硫黄が共存しても影響しない。

5　DNPH 試料採取用カートリッジ捕集によるガスクロマトグラフ法は，排ガス中の二酸化窒素の体積分率が 0.1％以上の場合に適用される。

題意　排ガス中のホルムアルデヒド分析方法に関する設問である。

解説　ホルムアルデヒド（CH_2O）は常温で刺激臭のある気体で，合成樹脂などの製造工程，メタノールなどの燃焼，その他の化学反応で発生する。「JIS K 0303 排ガス中のホルムアルデヒド分析方法」では**表**に示す分析方法が規定されている。

選択肢 **1** は正しい。採取口は，採取管を煙道，ダクト内の排ガスの流れ方法に対してほぼ直角に挿入できる位置に設ける。

選択肢 **2** は正しい。問 13 の解説の図 1 は採取管の先端にろ過材を装着した例である。ろ過材は，排ガス中の成分と化学反応を生じない材質のもの，例えば，シリカウール，無アルカリガラスウールを用いる。

選択肢 **3** は正しい。DNPH は変異原性があり，また爆発性である。通常は安全のためにほぼ等量の水が含ませてある。

選択肢 **4** は正しい。この方法は，試料ガス中に二酸化硫黄，二酸化窒素，硫化水素，アンモニアなどが共存しても影響しない。また，ホルムアルデヒド以外のアルデヒド類，例えば，アセトアルデヒド，プロパナール，ブタナール，ベンズアルデヒドなど

表　「JIS K 0303 排ガス中のホルムアルデヒド分析方法」で規定されている分析方法

分析方法	試料採取	測定方法	定量範囲 vol ppm 〔mg/m^3〕
AHMT 吸光光度法	吸収瓶： ほう酸溶液	塩基性で AHMT で発色	0.4 ～ 75 （0.5 ～ 100）
ガスクロマトグラフ （GC）法 DNPH 吸収瓶捕集法	吸収瓶： DNPH 塩酸溶液	クロロホルムなどで抽出，GC 分析	0.4 ～ 56 （0.5 ～ 75）
ガスクロマトグラフ （GC）法 DNPH カートリッジ捕集法	カートリッジ捕集	DNPH 溶液含浸捕集剤を詰めたカートリッジで捕集，アセトニトリル溶離，クロロホルム再溶解，GC 分析	0.4 ～ 45 （0.5 ～ 60）
高速液体クロマトグラフ （HPLC）法 DNPH 吸収瓶捕集法	吸収瓶： DNPH 塩酸溶液	クロロホルムなどで抽出，アセトニトリルで再抽出，HPLC 分析	0.2 ～ 56 （0.3 ～ 75）
高速液体クロマトグラフ （HPLC）法 DNPH カートリッジ捕集法	カートリッジ捕集	DNPH 溶液含浸捕集剤を詰めたカートリッジで捕集，アセトニトリル溶離，HPLC 分析	0.2 ～ 45 （0.3 ～ 60）
高速液体クロマトグラフ （HPLC）法 CEBHA カートリッジ捕集法	カートリッジ捕集	CEBHA 溶液含浸捕集剤を詰めたカートリッジで捕集，アセトニトリル溶離，HPLC 分析	0.2 ～ 45 （0.3 ～ 60）
AHMT 自動分析法	吸収瓶： 水酸化カリウム溶液	AHMT 吸光光度法の自動計測器で周期的に自動分析	0 ～ 20 （0 ～ 27）

このほかにイオンクロマトグラフ法（付属書 A），クロモトロープ酸吸光光度法（付属書 B），検知管法（付属書 C）がある。

AHMT：4-アミノ-3-ヒドラジノ-5-メルカプト-1,2,4-トリアゾール

DNPH：2,4-ジニトロフェニルヒドラジン

CEBHA：*O*-(4-シアノ-2-エトキシベンジル）ヒドロキシルアミン

は 2 倍量程度共存しても影響しない。塩素は同量でも影響する。

選択肢 **5** は誤りである。この方法は，排ガス採取時の水分濃度が 25 %以下の場合，及び二酸化窒素の体積分率が 10 vol ppm 以下の場合に適用するもので，二酸化窒素の体積分率が 0.1 %以上の場合は適用できない。

【正 解】 5

問 17

「JIS R 3505 ガラス製体積計」に規定されている誤差の試験方法に関する次の記述の中から，誤っているものを一つ選べ。

1 試験を行う室内の温度については，特に管理する必要はない。

2 受用の体積計の試験に先立って，内面を乾燥させなければならない。

3 衡量法により実体積を求める場合には，体積計に受け入れられた水又は体積計から排出された水の質量などに基づいて計算する。

4 体積標準器と比較する方法で試験を行う場合，使用する水は水道水で差し支えない。

5 体積計の表す体積（I）と，標準器で求めた実体積（Q）とを比較し，（$I-Q$）を誤差とする。

題意 ガラス体積計の誤差の試験方法に関する設問である。

解説 「JIS R 3505 ガラス製体積計」の「10. ガラス製体積計の誤算の試験方法」に，「体積計が表す体積（I）と，標準器で測定して求めた実体積（Q）とを比較して行い，（$I-Q$）を誤差とする。」と記述されている。

実体積の測定方法は衡量法と比較法がある。衡量法は，体積計に受け入れられた水または体積計から排出された水の質量，および温度を測定して実体積を求める方法である。一方，比較法は，体積計に受け入れられた水または体積計から排出された水の体積を，標準ビュレットまたはこれと同等の性能をもつ体積標準器によって測定する方法である。

選択肢 **1** は誤りである。試験は，「試験中の温度変化が 2℃/h を超えない室内で行うこと」とされている。

選択肢 **2** は正しい。体積計は，「試験に先立って内面が清浄であることを確認し，かつ，受用の場合は内面を乾燥させなければならない」とされている。

選択肢 **3** は正しい。

選択肢 **4** は正しい。試験に用いる水は「蒸留水又はイオン交換水を用いること」とされているが，比較法による場合は，「水道水又は井戸水を用いても差し支えない」とされている。

選択肢 **5** は正しい。ガラス製体積計の誤差の定義である。

〔正 解〕 **1**

問 18

室温において 0.10 mol/L の塩酸 30 mL と質量分率 0.40% の水酸化ナトリウム水溶液 20 mL を混合した溶液の pH 値として，最も近いものを次の中から一つ選べ。

ただし，塩酸，水酸化ナトリウム水溶液及び混合後の溶液の密度は，いずれも 1.0 g/mL とする。必要であれば，水酸化ナトリウムのモル質量として 40 g/mol，$\log_{10} 2$ として 0.30 を利用せよ。

1　0.1

2　0.6

3　1.7

4　2.3

5　3.0

〔題 意〕 酸と塩基の混合溶液の pH の計算問題である。

〔解 説〕 問題を整理すると，**図**のようになる。塩酸 30 mL 中の H^+ イオンのモル量は次式のように計算される。

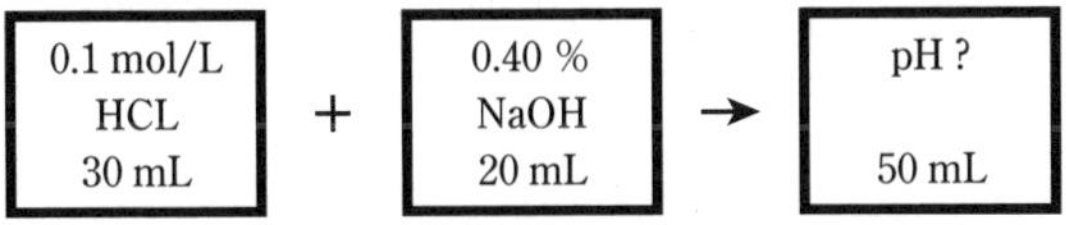

図　塩酸と水酸化ナトリウムの混合

$$\frac{0.1}{1\,000} \times 30 = 3.0 \times 10^{-3}\ 〔\mathrm{mol}〕$$

また，水酸化ナトリウム溶液 50 g 中の OH^- イオンの量は（0.4/100）× 20〔g〕と計算される。

水酸化ナトリウムのモル質量は 40 g/mol であるので，モル量は次式のように計算される。

$$\frac{0.4}{100} \times 20 \times \frac{1}{40} = 2.0 \times 10^{-3} \text{〔mol〕}$$

この二つの液を混合すると中和が起こり，H^+ イオンが 1.0×10^{-3} mol 残る。液量は 50 mL なので H^+ イオン濃度は次式のように計算される。

$$\frac{1.0 \times 10^{-3}}{50} \text{〔mol/L〕} = \frac{1.0 \times 10^{-3}}{50} \times 1\,000 \text{〔mol/L〕}$$

$$= 2.0 \times 10^{-2} \text{〔mol/L〕}$$

pH = − log（水素イオン濃度〔mol/L〕）なので，pH は次式のように計算される。

$$-\log(2.0 \times 10^{-2})$$

$$= -\log 2 + 2$$

$$= -0.30 + 2$$

$$= 1.7$$

したがって，選択肢 **3** が正解である。

【正 解】 **3**

問 19

「JIS K 0126 流れ分析通則」に規定されている「フローインジェクション分析法」の定義を示した次の記述について，（ア）～（ウ）に入る語句の組合せとして正しいものを一つ選べ。

［（ア）］内の試薬又は試料の流れの中にそれぞれ［（イ）］を導入し，反応操作などを行った後，［（ウ）］に設けた検出部で分析成分を検出して定量する分析方法。

	（ア）	（イ）	（ウ）
1	反応容器	試薬又は標準物質	中間
2	細管	試料又は試薬	上流
3	細管	試料又は試薬	下流
4	反応容器	試料又は触媒	中間
5	細管	試薬又は標準物質	下流

【題意】 フローインジェクション分析法の装置の構成に関する設問である。

【解説】 流れ分析は，流れの中で試料と試薬を反応させた成分を連続的に検出，定量する分析方法であり，**図 1** のフローインジェクション分析法（FIA）と**図 2** の連続流れ分析法（CFA）がある。

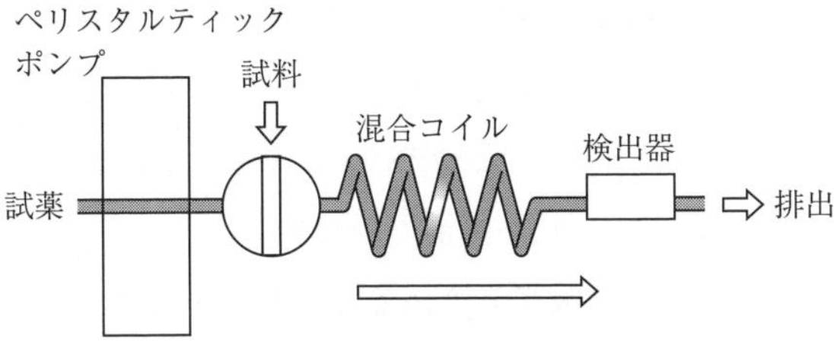

図 1　フローインジェクション分析法の概要図

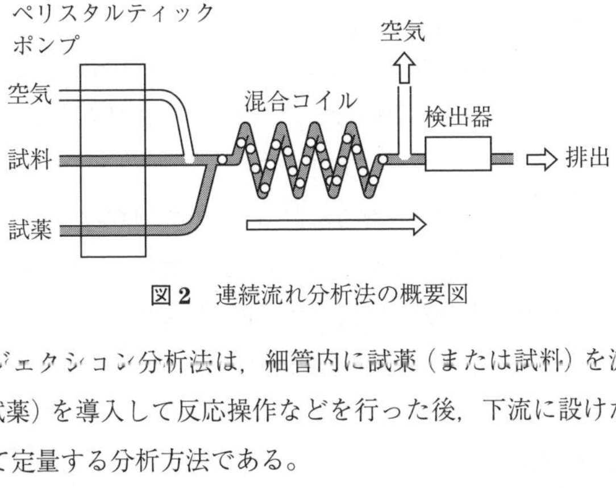

図 2　連続流れ分析法の概要図

フローインジェクション分析法は，細管内に試薬（または試料）を流し，この中に試料（または試薬）を導入して反応操作などを行った後，下流に設けた検出部で分析成分を検出して定量する分析方法である。

一方，連続流れ分析法は，細管内の試薬（または試料）の中に気体を導入して分節し，ここに試料（または試薬）を導入することによって反応操作などを行うものである。

したがって，設問の（ア）は細管，（イ）は試料又は試薬，（ウ）は下流である。この組合せは選択肢 **3** である。

【正解】 **3**

問 20

「JIS K 0102 工場排水試験方法」に規定されているクロム（Ⅵ）の定量に関する

次の記述の中から，誤っているものを一つ選べ。

1　ジフェニルカルバジド吸光光度法では，試料に**1,5-**ジフェニルカルボノヒドラジドを加えて錯体を生成させ，吸光度を測定することによって定量する。

2　還元性物質を含む場合，強酸性とした試料にアスコルビン酸を加えることによって，クロムの原子価の変化を避けることができる。

3　ジフェニルカルバジド吸光光度法では，共存する水銀塩類も発色するが，吸収強度はクロム（Ⅵ）に比べて著しく低い。

4　ジフェニルカルバジド吸光光度法では，共存するバナジウムも発色するが，やがて退色する。

5　ジフェニルカルバジド吸光光度法のほかに，ICP発光分光分析法などによる定量方法も規定されている。

【題 意】　排水中のクロム（Ⅵ）のジフェニルカルバジド吸光光度法に関する設問である。

【解 説】　「JIS K 0102 工場排水試験方法」では，クロムは全クロムとクロム（Ⅵ）とに区分される。どちらもジフェニルカルバジド吸光光度法，フレーム原子吸光法，電気加熱原子吸光法，ICP発光分光分析法またはICP質量分析法が適用される。ジフェニルカルバジドはクロム（Ⅲ）とは反応せず，クロム（Ⅵ）とのみ反応する。そこで全クロムの定量においては，過マンガン酸カリウムでクロム（Ⅲ）を酸化させてクロム（Ⅵ）とした後で発色操作を行う。

選択肢**1**は正しい。ジフェニルカルバジドの正式名称が**1,5-**ジフェニルカルボノヒドラジドである。

選択肢**2**は誤りである。酸化性物質は中性とした試料に亜硫酸塩を添加して還元し，還元性物質は次亜塩素酸塩によって酸化する。アスコルビン酸は還元剤である。

選択肢**3**は正しい。モリブデン（Ⅵ）および水銀塩類は，試薬によってそれぞれ黄色および青となるが，吸収強度はクロム（Ⅵ）に比べて著しく低い。

選択肢**4**は正しい。バナジウムは黄色になるが，やがて退色する。

選択肢**5**は正しい。

正解　2

問 21

高速液体クロマトグラフを用いた公定法に基づく分析法における分析対象化合物と検出器との組合せとして，誤っているものを次の中から一つ選べ。

	分析対象化合物（公定法）	検出器
1	オキシン銅（JIS K 0128）	吸光光度検出器
2	ベンゾ[a]ピレン（有害大気汚染物質測定マニュアル）	蛍光検出器
3	ノニルフェノール類（昭46環告59）	電気伝導度検出器
4	直鎖アルキルベンゼンスルホン酸（昭46環告59）	質量分析計
5	エトフェンプロックス（JIS K 0128）	吸光光度検出器

題意　高速液体クロマトグラフにおける分析対象化合物と検出器の組合せに関する設問である。

解説　選択肢**1**は正しい。「JIS K 0128 用水・排水中の農薬試験方法」において，オキシン銅の定量には高速液体クロマトグラフ法で紫外吸光光度法（240 nm）および蛍光光度法（380 nm で励起させ 520 nm の蛍光強度を測定する）を適用する。

選択肢**2**は正しい。大気中の浮遊粉じんをハイボリウムエアサンプラまたはローボリウムエアサンプラを用いてフィルタ上に捕集し，ベンゾ[a]ピレン等をジクロロメタンで抽出した後，アセトニトリルに転溶し、蛍光検出器（励起波長：365 nm，蛍光波長：410 nm）を用いて高速液体クロマトグラフで測定する。

選択肢**3**は誤りである。昭和46年公布環境庁告示59号（改定平成26年11月17日環境省告示126号）に規定されている「水質汚濁に係わる環境基準」のうち「生活環境の保全に関する環境基準」の河川における水生生物の保全に関する基準は全亜鉛，ノニルフェノール，直鎖アルキルベンゼンスルホン酸およびその塩である。ノニルフェノールの測定方法はガスクロマトグラフ質量分析法が規定されている。

選択肢**4**は正しい。上記告示において直鎖アルキルベンゼンスルホン酸およびその塩の測定方法として高速液体クロマトグラフ・タンデム質量分析計（LC/MS/MS）が規定されている。

選択肢 **5** は正しい。JIS K 0128 ではエトフェンプロックスは高速液体クロマトグラフ法で吸光光度検出器を用いて波長 225 nm の吸光度を測定して定量する。

【正 解】 **3**

問 **22**

「JIS K 0102 工場排水試験方法」に規定されている金属元素の分析法において，ICP 発光分光分析法が適用されていない元素を次の中から一つ選べ。

1　アルミニウム

2　カリウム

3　マンガン

4　鉄

5　すず

【題 意】 排水の分析における ICP 発光分光分析法の対象元素を問う設問である。

【解 説】 「JIS K 0102 工場排水試験方法」において，**表 1** の金属元素に対して ICP 発光分光分析法が適用される。

表 1　ICP 発光分光分析法が適用される金属元素

項目	元素名	項目	元素名	項目	元素名	項目	元素名
47	ほう素	55	カドミウム	61	ひ素 (*)	68	モリブデン
50	カルシウム	56	マンガン	62	アンチモン (*)	69	タングステン
51	マグネシウム	57	鉄	63	すず	70	バナジウム
52	銅	58	アルミニウム	64	ビスマス	73	ウラン
53	亜鉛	59	ニッケル	65	クロム		
54	鉛	60	コバルト	67	セレン (*)		

*：水素化物発生 ICP 発光分光分析法

ICP 発光分光分析法が適用されない金属元素は**表 2** に示すものである。

以上より，ICP 発光分光分析法が適用されない元素は選択肢 **2** のカリウムである。

表 2　ICP 発光分光分析法が適用されない金属元素

項目	元素名	分析方法
48	ナトリウム	フレーム光度法，フレーム原子吸光法，イオンクロマトグラフ法
49	カリウム	フレーム光度法，フレーム原子吸光法，イオンクロマトグラフ法
66.1	全水銀	還元気化原子吸光法，加熱気化原子吸光法，加熱気化 − 金アマルガム捕集原子吸光法
66.2	アルキル水銀（Ⅱ）化合物	ガスクロマトグラフ法（電子捕獲検出器：ECD）

【正 解】 **2**

問 23

ガスクロマトグラフィー質量分析法に関する次の記述の中から，誤っているものを一つ選べ。

1　質量軸は，校正用標準物質を用いて校正する。

2　定量結果の精度を高めるために，内標準法が用いられる。

3　鏡像異性体の絶対配置は，質量スペクトルだけで決定することができる。

4　選択イオン検出法とは，分析種に応じて，あらかじめ決めた特定の質量電荷比のイオンを検出する手法である。

5　化学イオン化法では，メタンを反応ガスとして用いることができる。

【題 意】　ガスクロマトグラフィー質量分析法の分析方法に関する設問である。

【解 説】　ガスクロマトグラフィー質量分析法に関しては「JIS K 0123 ガスクロマトグラフィー質量分析通則」に規定されている。

選択肢 **1** は正しい。質量分析法で得られるデータは，**図 1** に示すように横軸に質量電荷比（質量軸），縦軸に検出器で検出したイオン量を取って描かれた質量スペクトル（マススペクトル）で表される。

横軸は正確には質量電荷比だが電荷が 1 のイオンが多いので通常質量軸と呼ばれている。質量軸の数値は，ペルフルオロトリブチルアミン（PFTBA），ペルフルオロケロセン（PFK）などの校正用標準物質を用いて校正する。

選択肢 **2** は正しい。定量の方法として絶対検量線法，内標準法，標準添加法がある。

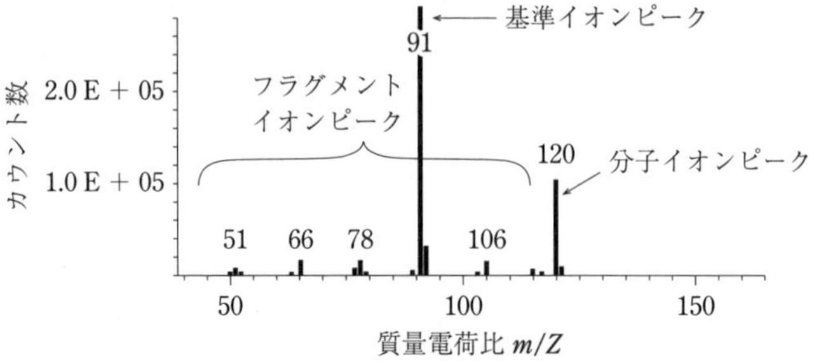

図 1　質量スペクトルの例

内標準法により，前処理における回収率の変動，試料導入量の変動など，測定時における各種の変動の影響を避け，正確な定量値を得ることができる。絶対検量線法は，再現性のよい結果が得られる場合または適切な内標準物質がないときに用いる。標準添加法は，適切な内標準物質がなく，試料に由来する妨害物質による影響が無視できないときに用いる。

選択肢 **3** は誤りである。鏡像異性体の分子は質量スペクトルのパターンが同一なため，質量スペクトルだけでは決定できない。

選択肢 **4** は正しい。選択イオン検出法（SIM：selected ion monitoring）は，分析種に応じて，あらかじめ決めた特定の質量電荷比のイオンを検出する方法で，全イオン検出法（TIM：total ion monitoring）よりも感度が 1 ～ 2 桁優れている。TIM は，ある質量範囲を設定した走査速度で繰返し走査し，走査ごとに質量スペクトルを採取，記録して得られたマスクロマトグラム（全イオンクロマトグラム）を用いる方法である。

選択肢 **5** は正しい。質量分析計のイオン化法には電子イオン化（EI）法，正イオン化学イオン化法（PCI），負イオン化学イオン化法（NCI）などがある。化学イオン化法は，まずイオン化室を高純度メタンなどの試薬ガスで満たし，電子線などを照査して試薬ガス由来の反応イオンを生成させる。つぎにこれらの反応イオンと試料分子との間のイオン分子反応によって分析種をイオン化する方法である。

【正 解】 **3**

問 **24**

「JIS K 0450-30-10 工業用水・工場排水中のフタル酸エステル類試験方法」に規定されている試験方法に関する次の記述の中から，正しいものを一つ選べ。

1　試料容器には，プラスチック製容器を用いる。

2　試験は試料採取後，常温で1週間程度静置してから行う。

3　試料の前処理には，塩酸又は硝酸による分解を適用する。

4　定量には，生物検定法を用いる。

5　試料導入方法には，スプリットレス注入法（非分割導入方式）を用いる。

【題意】　排水中のフタル酸エステル類の試験方法に関する設問である。

【解説】　フタル酸エステルは，フタル酸とアルコールがエステル結合した化合物を総称する名称で，塩化ビニルなどの合成樹脂の柔軟性をよくするために可塑剤として用いられる。代表的な可塑剤は1,2ベンゼン二カルボン酸ビス（2-エチルヘキシル）エステル（慣用名：フタル酸ジ-2-エチルヘキシル，略号：DEHP，またはフタル酸ジオクチル，略号：DOP）である。**図**にDEHPの構造式を示す。

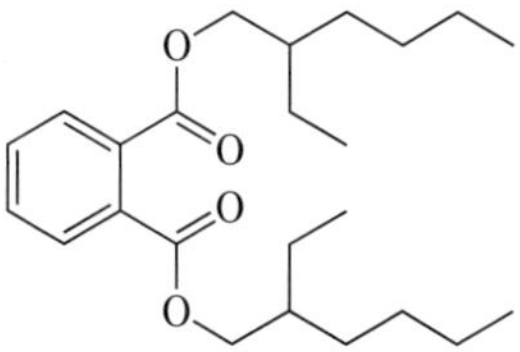

図　DEHPの構造式

「JIS K 0450-30-10 工業用水・工場排水中のフタル酸エステル類試験方法」では**表**に示す8種の化合物を対象物質としている。

表　「JIS K 0450-30-10」の対象物質

Chemical Abstracts name	慣用名	分子式
1,2 ベンゼン二カルボン酸ジエチルエステル	フタル酸ジエチル	$C_{12}H_{14}O_4$
1,2 ベンゼン二カルボン酸ジプロピルエステル	フタル酸ジプロピル	$C_{14}H_{18}O_4$
1,2 ベンゼン二カルボン酸ジブチル	フタル酸ジブチル	$C_{16}H_{22}O_4$
1,2 ベンゼン二カルボン酸ジペンチルエステル	フタル酸ジペンチル	$C_{18}H_{26}O_4$
1,2 ベンゼン二カルボン酸ジヘキシルエステル	フタル酸ジヘキシル	$C_{28}H_{30}O_4$
1,2 ベンゼン二カルボン酸ビス（2- エチルヘキシル）エステル	フタル酸ジ-2-エチルヘキシル	$C_{24}H_{38}O_4$
1,2 ベンゼン二カルボン酸ジシクロヘキシルエステル	フタル酸ジシクロヘキシル	$C_{20}H_{26}O_4$
1,2 ベンゼン二カルボン酸ブチルフェニルメチルエステル	フタル酸ブチルベンジル	$C_{19}H_{20}O_4$

選択肢**1**は誤りである。プラスチック製品にはフタル酸エステル類が含まれているため，プラスチック製容器は使用できない。試料容器は共栓ガラス瓶（1 000 mL）を用いる。

選択肢**2**は誤りである。試験は試料採取後，ただちに行う。ただちに行えない場合には，0～10℃の暗所に保存し，できるだけ早く試験する。

選択肢**3**は誤りである。試料の前処理には，溶媒抽出法または固相抽出法を適用する。塩酸または硝酸による分解を行うのは金属類の試験である。

選択肢**4**は誤りである。定量はガスクロマトグラフ質量分析法を用い，選択イオン検出法（SIM 法）または全イオン検出法（TIM 法）を行う。

選択肢**5**は正しい。試料導入法は，スプリットレス注入法（非分割導入方式）による。

【正 解】 **5**

問 25

「JIS B 7954 大気中の浮遊粒子状物質自動計測器」に規定されている，ベータ線吸収方式に関する次の記述の中から，誤っているものを一つ選べ。

1　大気導入部に，必要に応じて分粒装置を付加する。

2　浮遊状態の粒子にベータ線を照射し，ベータ線の吸収量から浮遊粒子状物質濃度を得る。

3　ベータ線源として，^{14}C や ^{147}Pm の密封線源が用いられる。

4　ベータ線の強さの測定に，シンチレーション検出器を用いることができる。

5　大気の採取流量の変化は，測定誤差の原因となる。

【題 意】 ベータ線吸収方式による大気中浮遊粒子状物質測定方法に関する設問である。

【解 説】 「JIS B 7954 大気中の浮遊粒子状物質自動計測器」では，**表**に示す計測方式が規定されている。

図に示すベータ線吸収方式は，ろ紙上に捕集した粒子によるベータ線の吸収量の増加から質量濃度を求める方式で，大気導入部，浮遊粒子物質捕集機構，ろ紙供給機構，ベータ線源，検出器，演算制御部，流量制御部などで構成する。

選択肢**1**は正しい。大気導入部は，大気導入管を接続する部分で，内径8～26 mm の導入管を接続できるものとし，必要に応じて分粒装置を付加する。分粒装置は粒径

表　「JIS B 7954 大気中の浮遊粒子状物質自動計測器」で規定されている計測法式

名　称	捕　集	原　理	測定量
ベータ線吸収方式	ろ紙捕集	ろ紙のベータ線吸収量の増加	質量濃度
圧電天びん方式	静電的に水晶振動子上に捕集	振動数の変化	質量濃度
光散乱方式	検出器内に大気を導入	散乱光量	相対濃度
フィルター振動方式	ろ紙捕集	円すい状振動子の振動数の低下	質量濃度
（参考）吸光方式	ろ紙捕集	ろ紙の吸光度、反射量の変化	相対濃度

10 μm 以下の粒子のみを通過させるものでサイクロン方式（遠心分離型），インパクタ方式（慣性衝突型），バーチャルインパクタ方式（仮想慣性衝突型）などがある。

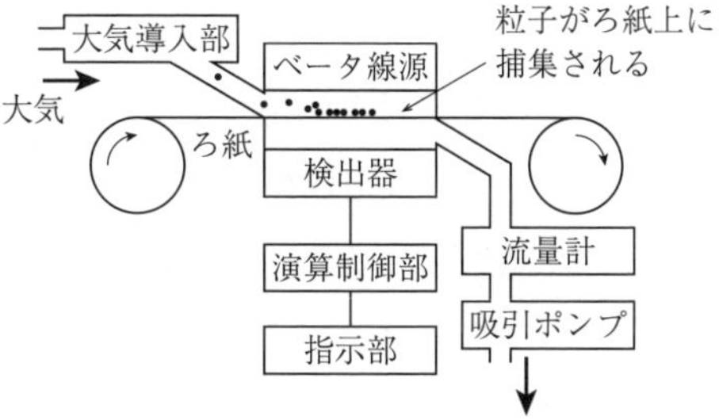

図　ベータ線吸収方式

選択肢 **2** は誤りである。ベータ線吸収方式は，ろ紙上に捕集した粒子にベータ線を照射すると，その吸収量が粒子の質量に比例することを利用したものである。

選択肢 **3** は正しい。ベータ線源は密封線源で ^{14}C，^{147}Pm（プロメシウム）などの低いエネルギーのものを使用する。これらの線源の放射能は，3.7 × 106 Bq（100 μCi）以下であり，放射線障害防止法に規定された“放射性同位元素”には該当しないが，その取扱いには注意しなければならない。

選択肢 **4** は正しい。検出器はシンチレーション検出器，電離箱，半導体検出器などを使用する。

選択肢 **5** は正しい。流量制御部は，流量計，流量調整弁，大気吸引ポンプなどで構成されるが，大気の採取流量の変化は測定誤差の原因となるので，ろ紙に粉じんが付着して通気抵抗が増しても，規定の流量が維持できるものでなくてはならない。

【正 解】 **2**

2.2　第 69 回（平成 30 年 12 月実施）

問 1

「JIS K 0102 工場排水試験方法」に規定されているイオン電極法を用いた塩化物イオンの定量に関する次の記述の中から，誤っているものを一つ選べ。

1　参照電極には，外筒液に硝酸カリウム溶液を用いた二重液絡形の銀塩化銀電極を用いる。

2　測定容器には，ガラス製のものが使用できる。

3　酢酸塩緩衝液の添加によって，pH 約 5 に調節し，イオン強度を一定にする。

4　この方法では，硫化物イオンなどが妨害する。

5　同じ JIS に規定されているイオンクロマトグラフ法よりも，低濃度域の定量に適用できる。

【題 意】　イオン電極法を用いた塩化物イオンの定量に関する設問である。

【解 説】　イオン電極測定法は，試料水中に挿入したイオン電極と参照電極（比較電極）の間に生じる電位差から，イオン電極に対応する無機物または有機物のイオンの濃度を定量する方法である。基本的な構成を**図 1** に示す。

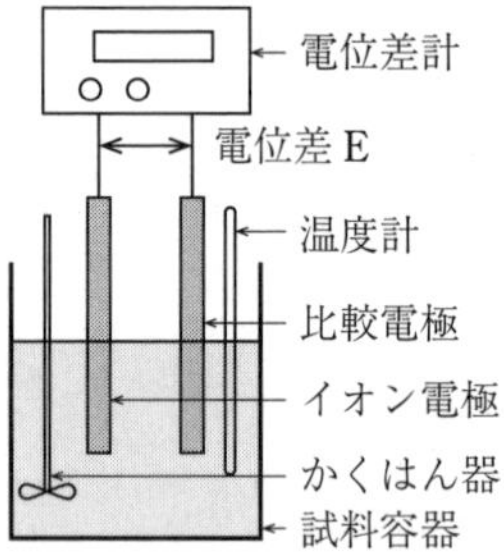

図 1　イオン電極測定法

応答電位 E と測定対象イオンのイオン活量 a との間にはつぎのネルンスト式が成立する。

$$E = E_0 + \frac{2.303RT}{ZF}\log a$$

ここで，E_0 は 25℃での標準電極電位，R は気体定数，T は絶対温度，Z はイオンの価数，F はファラデー定数，log は常用対数である。a はイオン活量で低濃度溶液では質量モル濃度と等しい。

JIS K 0102 におけるイオン電極法による塩化物イオンの分析は，試料に酢酸塩緩衝溶液を加えて pH 約 5 に調節し，塩化物イオン電極を用いて電位を測定して行う。

選択肢 **1** は正しい。よく使用される参照電極は**図 2** のような二重液絡型のもので，塩化物イオンを定量する場合は外筒内部液に硝酸カリウム溶液（1 mol/dm^3）を用いる。

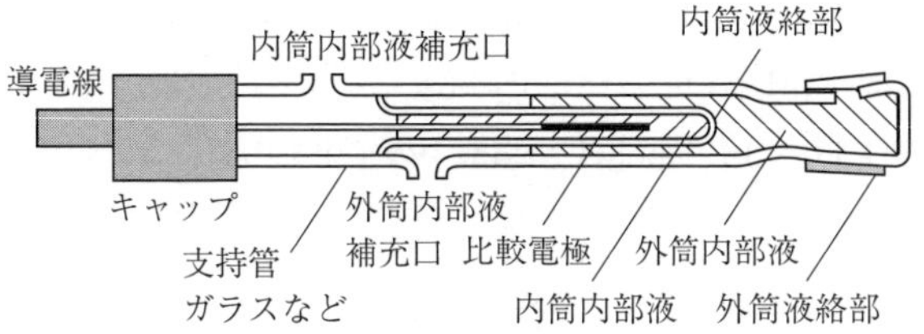

図2　二重液絡型比較電極

選択肢**2**は正しい。測定容器はポリプロピレン製またはガラス製でよい。

選択肢**3**は正しい。地下水などの電解質をあまり含まない環境水は塩化物イオンの活量係数が変化して測定誤差を生ずることがあるので，測定対象イオンと反応せず応答電位に影響を与えない，いわゆる無関係イオンを添加する。この規格では酢酸塩緩衝液を加えてpHとイオン強度を一定にしている。

選択肢**4**は正しい。塩化物イオン測定用の固体膜電極は硫化物イオン，シアン化物イオン，よう化物イオン，臭化物イオンの影響を受ける。

選択肢**5**は誤りである。イオン電極法の定量範囲は5～1 000 mg/Lであるが，イオンクロマトグラフ法はサプレッサー付の場合0.1～25 mg/L，サプレッサーなしの場合0.5～25 mg/Lである。

正解は**5**である。

［正 解］ 5

［問］ 2

濃度 1.0×10^{-7} mol/Lの塩酸のpH値として最も近いものを次の中から一つ選べ。ただし，塩酸は完全解離しているものとし，塩酸中のイオンは H^+，Cl^-，OH^- の3種類しか存在しないものとする。また，水のイオン積は 1.0×10^{-14} mol^2/L^2，$\sqrt{5} = 2.2$，$\log_{10} 2 = 0.3$ とする。

1　6.0

2　6.4

3　6.8

4　7.0

5　7.4

【題 意】 塩酸の pH 値の計算問題である。

【解 説】 濃度 1.0×10^{-7} mol/L の塩酸中のイオンの間には，以下に示すような平衡関係が存在する。

$$HCl \rightleftarrows H^+ + Cl^-$$

$$H_2O \rightleftarrows H^+ + OH^-$$

それぞれのイオン濃度を $[H^+]$，$[Cl^-]$，$[OH^-]$ とすると，つぎのような関係になる。

塩酸の完全解離より

$$[Cl^-] = 1.0\times10^{-7}\ \mathrm{mol/L} \tag{1}$$

水のイオン積より

$$[H^+][OH^-] = 1.0\times10^{-14}\ \mathrm{mol/L} \tag{2}$$

また，水中の陽イオンと陰イオンの量は等しくなるので

$$[H^+] = [Cl^-] + [OH^-] \tag{3}$$

となる。ここで，$[H^+]$ を x とすると式 (2) より

$$[OH^-] = \frac{1.0\times10^{-14}}{x} \tag{4}$$

式 (3) に式 (1) と式 (4) を代入すると，次式のようになる。

$$x = 1.0\times10^{-7} + \frac{1.0\times10^{-14}}{x}$$

これを変形すると，つぎの 2 次方程式となる。

$$x^2 - 1.0\times10^{-7}x - 1.0\times10^{-14} = 0$$

これを解くと

$$x = \frac{1.0\times10^{-7} \pm \sqrt{(1.0\times10^{-7})^2 - 4\times(-1.0\times10^{-14})}}{2}$$

$$= (1.0\times10^{-7})\frac{1\pm\sqrt{1+4}}{2}$$

$$= (1.0\times10^{-7})\frac{1\pm\sqrt{5}}{2}$$

x は正の値であり，設問のヒントに $\sqrt{5} = 2.2$ とあるので

$$x = 1.0 \times 10^{-7}\frac{1+2.2}{2} = \frac{3.2 \times 10^{-7}}{2}$$

$$= 1.6 \times 10^{-7}$$

$pH = -\log [H^+]$ であるので

$$pH = -\log (1.6 \times 10^{-7})$$
$$= -\log (16 \times 10^{-8})$$
$$= 8 - 4\log 2$$
$$= 8 - 4 \times 0.3$$
$$= 8 - 1.2$$
$$= 6.8$$

【正解】 **3**

問 3

ガスクロマトグラフの検出器と測定時に用いるガス（キャリヤーガス，付加ガス，燃料ガス又は助燃ガス）との組合せとして，誤っているものを一つ選べ。

	検出器	測定時に用いるガス
1	電子捕獲検出器（ECD）	塩素
2	水素炎イオン化検出器（FID）	空気
3	炎光光度検出器（FPD）	水素
4	熱イオン化検出器（TID）	空気
5	熱伝導度検出器（TCD）	ヘリウム

【題意】 ガスクロマトグラフの検出器と使用するガスの組合せに関する設問である。

【解説】 ガスクロマトグラフ分析において，キャリヤーガスは移動相気体，付加ガスは検出器を適切に動作されるために用いるガス，燃料ガスと助燃ガスは検出器の動作に必要な燃焼などの現象を起こすガスである。

表に検出器の種類と使用するガスの例を示す。

表　検出器の種類と使用するガスの例

検出器	キャリヤーガス	付加ガス	燃料ガス	助燃ガス
熱伝導度検出器（TCD）	ヘリウム，窒素，アルゴン，水素	ヘリウム，窒素，アルゴン，水素	－	－
水素炎イオン化検出器（FID）	ヘリウム，窒素，水素	ヘリウム，窒素，水素	水素	空気，酸素
電子捕獲検出器（ECD）（放射線方式）	ヘリウム，窒素，水素	窒素	－	－
電子捕獲検出器（ECD）（非放射線方式）	ヘリウム，窒素，水素	キセノン，二酸化炭素，ヘリウム	－	－
炎光光度検出器（FPD）	ヘリウム，窒素，水素	ヘリウム，窒素，水素	水素	空気，酸素
熱イオン化検出器（TID）	ヘリウム，窒素，水素	ヘリウム	水素	空気，酸素
質量分析計（MS）	ヘリウム，窒素，水素	－	－	－

選択肢 **1** は誤りである。電子捕獲検出器（ECD）では塩素は用いない。

電子捕獲検出器は電子親和性の高い化合物に対する電子捕獲反応を利用した検出器で，放射線方式と非放射線方式（放電型）がある。放射線方式では ^{63}Ni などのベータ線を放射する線源を内蔵する検出器に付加ガス（メイクアップガス）の窒素を導入すると窒素が電離して熱電子が放出される。ここに電極を挿入すると一定の電流（基底電流）が流れるが，カラムから電子親和性の化合物が溶出すると，この電子が捕獲されて電流値が減少する。放電型ではヘリウムに高電圧をかけて励起させ，キセノンなどの付加ガスを電離させて生じる基底電流を利用する。

選択肢 **2** は正しい。水素炎イオン化検出器（FID）は，ほとんどの有機物に感度があり，最もよく用いられる検出器である。水素と空気または酸素を一定の割合で検出器内に導入し，点火して水素炎を生じさせる。ここにカラムから溶出した有機化合物が入ると燃焼により一部がイオン化されコレクター電極で捕集すると電流が流れる。

選択肢 **3** は正しい。炎光光度検出器（FPD）は，水素と空気または酸素によって生じる還元性の炎の中で硫黄（S），りん（P），すず（Sn）の化合物が燃焼する際に生成する励起化学種の発する固有の波長の光を検出するものである。水素は燃料ガスである。

選択肢**4**は正しい。熱イオン化検出器（TID）の原理は，空気と少量の水素を供給した検出器内でルビジウム塩を加熱し，ここに窒素化合物やりん化合物が導入されると，分解してイオン化し，コレクターで捕集され検出されるというものである。水素は非常に少量のため火はついていないが，ルビジウム塩は消耗しやすいため，一定の頻度で交換する必要がある。

選択肢**5**は正しい。（TCD）はキャリヤーガスと目的成分の熱伝導度の違いを利用する検出器で，キャリヤーガス以外のすべての化合物の検出が可能で，汎用性が高いが感度はあまり高くない。熱伝導度の高い水素が最も感度がよいが，反応性，安全性などから次善のヘリウムがよく用いられる。

【正解】 **1**

問 4

「JIS K 0102 工場排水試験方法」に規定されているイオンクロマトグラフ法を用いるイオンの分析に関する次の記述の中から，誤っているものを一つ選べ。

1　ふっ化物イオンを分析する場合には，試料採取後直ちに試験を行う。直ちに行えない場合には0℃～10℃の暗所に保存し，できるだけ早く試験する。

2　亜硝酸イオンの分析には，紫外吸収検出器を用いることができる。

3　電気伝導度検出器を用いる場合には，陽イオンを分析することができない。

4　サプレッサー方式による陰イオンの分析では，サプレッサーに陽イオン交換膜を用いることができる。

5　硫酸イオンの定量において，硫化物イオンは定量誤差の原因になる。

【題意】 イオンクロマトグラフ法によるイオンの分析に関する設問である。

【解説】 イオンクロマトグラフ法は高速液体クロマトグラフ法の一種で，試料溶液中のイオン種をイオン交換体などを固定相とした分離カラムによって分離し電気伝導度検出器などを用いて測定する分析方法である。

選択肢**1**は正しい。「JIS K 0102 工場排水試験方法」ではふっ化物イオンの定量法としてランタンアリザリンコンプレキソン吸光光度法，イオン電極法，イオンクロマトグラフ法またはランタンアリザリンコンプレキソン発色による流れ分析法が挙げられている。

イオンクロマトグラフ法で分析する場合は，試料採取後ただちに試験をする。ただちに行えない場合は 0 ～ 10 ℃の暗所に保存し，できるだけ早く試験を行う。

選択肢 **2** は正しい。イオンクロマトグラフ法の検出器は電気伝導度検出器または紫外線吸収検出器が使用できる。紫外線吸収検出器は亜硝酸イオン，硝酸イオンおよび臭化物イオンの個別または同時測定において用いる。

選択肢 **3** は誤りである。イオンクロマトグラフ法では，適切な組成の溶離液とカラムを選択すれば電気伝導度検出器で陽イオンの分析もできる。

選択肢 **4** は正しい。サプレッサーは電気伝導度検出器を用いる場合に，イオン交換によって溶離液の電気伝導度を低下させ，また測定イオンの対イオンをより伝導度の高いイオンに交換することで SN（シグナルノイズ）比を改善して測定感度を高める。陰イオン分析の場合は陽イオン交換膜または樹脂を用いて，溶離液および測定イオンの陽イオン部分を H^+ に交換する。

選択肢 **5** は正しい。イオンクロマトグラフ法による硫酸イオンの分析はつぎのような妨害物質の影響を受ける。

・硫酸イオンの濃度が 1 mg/L のとき，臭化物イオン 200 mg/L 以下および硝酸イオン 400 mg/L 以下ならば妨害しない。

・硫酸イオンの定量は，高濃度のよう化物イオンまたはチオ硫酸イオンによって妨害されやすい。

・硫化物イオンは，硫酸イオンの定量誤差の原因になるので，酢酸亜鉛溶液を加えて沈殿させ，ろ別する。

正 解　**3**

問 5

「JIS K 0115 吸光光度分析通則」に規定されている吸光光度法に関する次の記述の中から，正しいものを一つ選べ。

1　低圧水銀ランプからの輝線は，分光光度計の波長目盛の校正に用いられる。

2　タングステンランプは，主として紫外波長範囲の測定で光源として用いられる。

3　ほうけい酸ガラス製の吸収セルは，石英ガラス製のものに比較して紫外波長範囲での測定に適している。

4　標準添加法は，吸光光度法では用いることができない。

5　モル吸光係数は，試料を透過した光の強度と，透過前の光の強度との比を常用対数で表した数値である。

［題　意］　吸光光度法の装置，測定方法などに関する設問である。

［解　説］　吸光光度法の原理を**図1**に示す。

液体試料を光を透過させる容器（セル）に入れ光を照射すると，入射光 I_0 は物質に吸収され，出てきた透過光 I の強度は小さくなる。

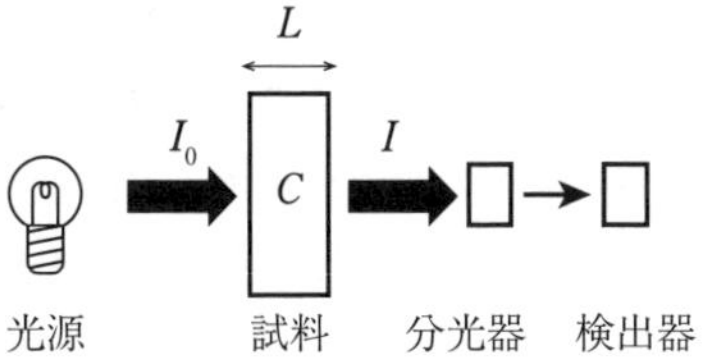

図1　吸光光度法の模式図

このとき入射光の強度と透過光の強度との間には以下のランバートベールの式が成り立つ（**図2**）。

$$I = I_0 10^{-\varepsilon CL} \tag{1}$$

ここで，C は光を吸収する物質の濃度，L は透過する距離（セルの厚さ，光路長）である。ε は物質に固有の値をもつ定数で吸光係数と呼ばれる。

式（1）の対数をとると

$$\log I = \log I_0 - \varepsilon CL \tag{2}$$

となり，これを変形して吸光度 A に関する次式が得られる（**図3**）。

$$A = -\log \frac{I}{I_0} = \varepsilon CL \tag{3}$$

ε は物質に固有の定数であり，一連の測定において同じセルを使用すれば L も一定であるので，吸光度 A は試料濃度 C に比例する。これが吸光光度法の検量線である。

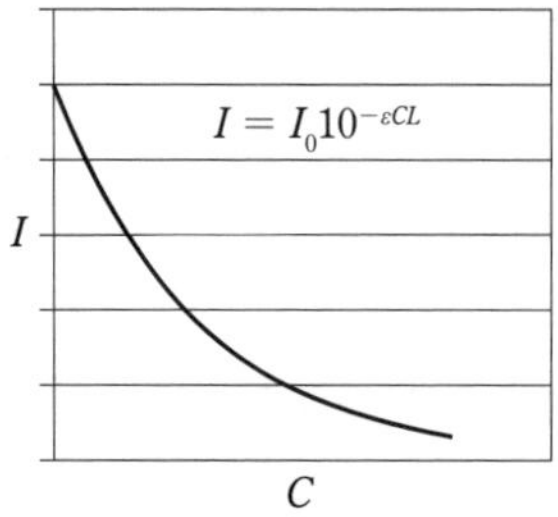

図 2　透過光の強度と濃度の関係

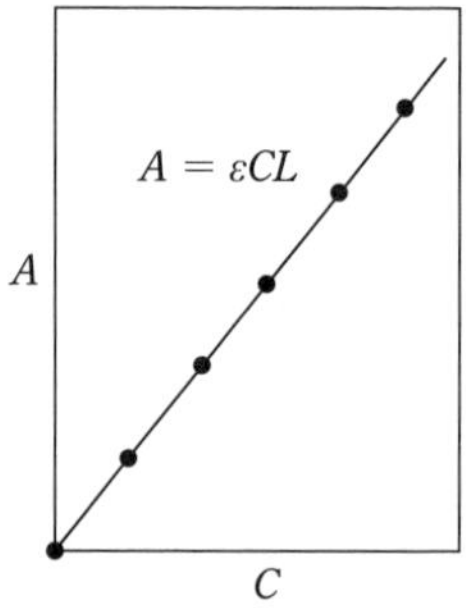

図 3　吸光度と濃度の関係
（εL は変わらない）

選択肢 **1** は正しい。低圧水銀ランプからの輝線は水銀の原子スペクトルであり波長が一定しているため，分光光度計の波長目盛の校正に用いることができる。

選択肢 **2** は誤りである。タングステンランプはいわゆる白熱電球で，可視から近赤外域にわたる光を放出するため，連続スペクトル光源として吸光光度計に広く用いられる。タングステンランプによう素や臭素などのハロゲン元素を封入してフィラメントの消耗を抑えてランプ寿命を長くしたものがハロゲンランプである。タングステンランプは紫外波長の光は発しない。

選択肢 **3** は誤りである。ほうけい酸ガラスは紫外線を吸収するので紫外波長範囲の測定には適さない。石英ガラスは紫外波長領域範囲の光を透過させるので，紫外波長範囲測定用のセルに使用できる。

選択肢 **4** は誤りである。吸光光度法による定量分析は，濃度既知の試料群の吸光度から求めた検量線，または吸光度の時間変化を用いて，測定試料の濃度または特性値を算出して行う。おもな定量方法は検量線法および標準添加法である。

選択肢 **5** は誤りである。設問の「試料を透過した光の強度と，透過前の光の強度との比を常用対数で表した数値」は $\log\frac{I_0}{I}$ であり，式 (3) の $-\log\frac{I}{I_0}$ と同一であり，吸光度 A である。モル吸光係数はランバートベールの式をモル濃度を用いて計算した時の吸光係数で，1 mol/L の試料を光路長 1 cm のセルで測定したときの吸光度 A に等しい。

【正 解】 **1**

問 6

「JIS K 0093 工業用水・工場排水中のポリクロロビフェニル（PCB）試験方法」に規定されているガスクロマトグラフ法に関する次の記述について，［(ア)］～［(ウ)］に入る語句の組合せとして，正しいものを一つ選べ。

試料中の PCB をヘキサンで抽出し，脱水・濃縮後，［(ア)］を行う。分解した溶液について再びヘキサンで抽出し，脱水・濃縮する。濃縮液について［(イ)］を用いたカラムクロマトグラフ分離を行い，溶出液を再び濃縮し，一定量とする。この溶液の一定量をガスクロマトグラフに導入し，検出器に［(ウ)］を用いた方法で定量する。

	（ア）	（イ）	（ウ）
1	加水分解	フロリジル	水素炎イオン化検出器（FID）
2	加水分解	シリカゲル	水素炎イオン化検出器（FID）
3	加水分解	シリカゲル	電子捕獲検出器（ECD）
4	アルカリ分解	シリカゲル	電子捕獲検出器（ECD）
5	アルカリ分解	フロリジル	電子捕獲検出器（ECD）

題 意　ガスクロマトグラフ法によるポリクロロビフェニル試験方法に関する設問である。

解 説　「JIS K 0093 工業用水・工場排水中のポリクロロビフェニル（PCB）試験方法」では，PCB をガスクロマトグラフ法およびガスクロマトグラフ質量分析法を用いて試験を行う。ガスクロマトグラフ法は総 PCB を，ガスクロマトグラフ質量分析法は同一塩素数の異性体毎の PCB を定量する。

ガスクロマトグラフ法では，試料中の PCB をヘキサンで抽出し，脱水・濃縮後，アルカリ分解を行う。分解した溶液について再びヘキサンで抽出し，脱水・濃縮を行う。濃縮液についてシリカゲルを用いたカラムクロマトグラフ分離を行い，溶出液を再び濃縮し，一定量とする，この溶液の一定量をガスクロマトグラフに導入し，検出器に電子捕獲検出器（ECD）を用いた方法で定量する。

したがって，語句の組合せは（ア）アルカリ分解，（イ）シリカゲル，（ウ）電子捕獲検出器（ECD）であり，正解は **4** である。

正 解　4

問 7

ICP 発光分光分析法における干渉とその原因の組合せとして，誤っているものを一つ選べ。

	干渉	原因
1	物理干渉	標準液と試料溶液との粘度の違い
2	分光干渉	測定対象元素の波長に近接する分子バンドスペクトル
3	物理干渉	プラズマ内の電子密度の増加
4	イオン化干渉	共存する高濃度のアルカリ金属
5	分光干渉	高濃度で含まれる元素の発光によって増加するバックグラウンド

題 意　ICP 発光分光分析法における干渉に関する設問である。

解 説　原子スペクトル分析における干渉とは，共存物の影響などによって分析値に誤差を生じる現象であり，ICP 発光分光分析法では分光干渉，物理干渉，イオン化干渉，化学干渉が挙げられる。

（分光干渉）

分光干渉は測定対象元素の分析線に種々の発光線およびバックグラウンドが重なり分析結果に影響を及ぼす現象で，つぎのような要因がある。

・他の元素の発光線による干渉　　アルゴンの発光線または試料中に含まれる共存元素の発光線が，測定対象元素と近接した波長をもつ場合に生じる。干渉を避けるためには干渉を受けない別の分析線を選択する。

・分子バンドによる干渉　　NO，CH などの分子バンドスペクトルが測定対象元素と近接した波長をもつ場合に生じる（選択肢 **2** は正しい）。検量線作成用溶液と試料溶液の酸の種類および濃度をできるだけ一致させてバックグラウンド補正を行って干渉を避ける。

・再結合によるバックグラウンドの増加　　試料中に高濃度で含まれる元素の発光によってバックグラウンドが増加する（選択肢 **5** は正しい）。バックグラウンド補正を行うことによって干渉を除去できる。

（物理干渉）

物理干渉は，粘性など試料溶液の物理形状の違いによってネブライザーの噴霧効率が変化し誤差の原因となる現象である（選択肢**1**は正しい）。検量線作成用溶液と試料溶液の液性をできるだけ一致させることで軽減できる。

（イオン化干渉）

イオン化干渉は，試料溶液中に高濃度の共存元素が存在する場合，これらの元素のイオン化により発生する電子によってプラズマ内の電子密度が増加し，イオン化率が変化する現象である（選択肢**3**は誤り）。とくにアルカリ金属，アルカリ土類金属などが多量に存在すると測定対象元素のイオン化率が大きく変化する（選択肢**4**は正しい）。この変化の割合は軸方向観測方式のほうが大きいため，横方向観測方式を用いることが望ましい。

（化学干渉）

化学干渉は，プラズマ温度の高いICPの場合はほとんど問題にならない。

【正　解】 **3**

問 8

「JIS K 0105 排ガス中のふっ素化合物分析方法」に規定されているイオンクロマトグラフ法に関する次の記述の［（ア）］～［（ウ）］に入る語句の組合せとして，正しいものを一つ選べ。

排ガス中のふっ素化合物を［（ア）］に吸収させた後，吸収液の一定量に［（イ）］を加え，［（ウ）］を通気して前処理を行う。

	（ア）	（イ）	（ウ）
1	水酸化ナトリウム溶液	キレート樹脂	二酸化炭素
2	過酸化水素水	陰イオン交換樹脂	二酸化炭素を除いた空気
3	ほう酸溶液	陽イオン交換樹脂	オゾン
4	水酸化ナトリウム溶液	陽イオン交換樹脂	二酸化炭素を除いた空気
5	ほう酸溶液	陰イオン交換樹脂	オゾン

【題意】 イオンクロマトグラフ法による排ガス中のふっ素化合物分析方法に関する設問である。

【解説】 「JIS K 0105 排ガス中のふっ素化合物分析方法」は排ガス中のガス状無機ふっ素化合物をふっ化物イオンとして分析し，ふっ化水素の濃度として算出する。この規格において排ガスとは，廃棄物などの燃焼，アルミニウム製錬工程，化学肥料の製造工程，ガラス製造工程などにおいて，煙道，煙突，ダクトなどに排出されるガスをいう。またガス状無機ふっ素化合物とは，0.3 μm の粒子に対して 99.5 %以上の捕集効率をもつフィルターを通過したものである。分析方法はランタンアリザリンコンプレキソン吸光光度法，イオン電極法，イオンクロマトグラフ法が用いられる。

イオンクロマトグラフ法による分析方法の概要はつぎのとおりである。試料ガス中のふっ素化合物を吸収液に吸収させた後，吸収液の一定量に陽イオン交換樹脂を加え，二酸化炭素を除いた空気または JIS K 1107 に規定する窒素 2 級を通気して前処理を行う。この液をイオンクロマトグラフに導入し，クロマトグラムを記録する。吸収液は水酸化ナトリウム溶液 (0.1 mol/L) である。

したがって，設問の（ア）は水酸化ナトリウム溶液，（イ）は陽イオン交換樹脂，（ウ）は二酸化炭素を除いた空気であり，正解は **4** である。

【正解】 **4**

問 9

以下に示した五つの語句のうち，原子吸光分析装置と ICP 発光分光分析装置の両方で構成要素となり得るものが幾つあるか，次の **1** ～ **5** の中から一つ選べ。

ネブライザー

ゼーマン分裂補正方式バックグラウンド補正部

半導体検出器

分光器

水素化物発生装置

1　一つ

2　二つ

3　三つ

4　四つ

5　五つ

【題 意】 原子吸光分析装置と ICP 発光分光分析装置の構成要素に関する設問である。

【解 説】 原子吸光分析装置と ICP 発光分光分析装置の基本構成を**図**に示す。

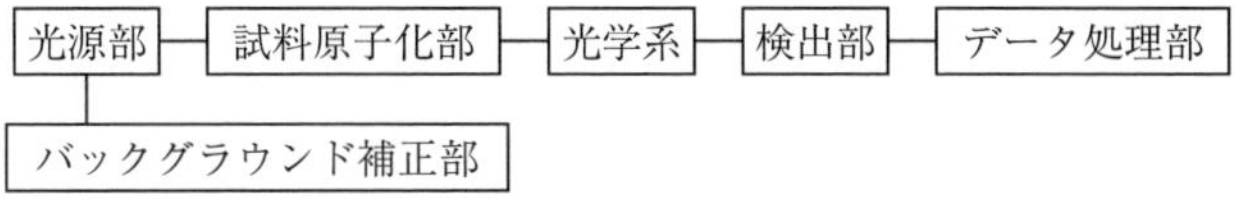

（a）原子吸光分析装置の構成（一例）

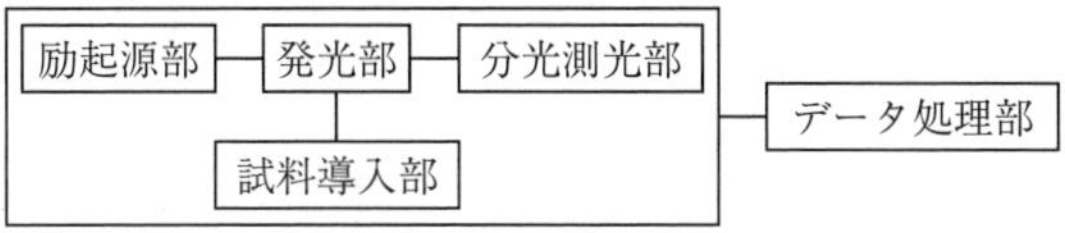

（b）ICP 発光分析装置の構成（一例）

図　原子吸光分析装置と ICP 発光分光分析装置の基本構成の比較

・ネブライザーは図には示されていないが，二つの装置に共通する構成要素であり，液体試料を霧状にする部品である。

・ゼーマン分裂補正方式バックグラウンド補正部は，原子吸光分析装置のバックグラウンド補正装置の一つであり，ICP 発光分光分析装置には不要である。

・半導体検出器は，フォトダイオードなど光エネルギーを電子信号に変換する半導体を用いた検出器であり，二つの装置に共通する構成要素である。

・分光器は，特定の波長の光を取り出す装置であり，二つの装置に共通する構成要素である。

・水素化物発生装置は，試料溶液中のひ素，セレン，アンチモンなどを還元して気体状の水素化物として原子化部あるいは発光部に導入する装置であり，二つの装置に共通する構成要素である。

以上から，二つの装置の両方で構成要素となり得るものはネブライザー，半導体検出器，分光器，水素化物発生装置の四つであり，正解は **4** である。

【正 解】 **4**

問 10

次の記述はいずれも日本工業規格（JIS）に規定されている排ガス中の汚染物質の分析方法に関するものである。このうち，「JIS K 0099 排ガス中のアンモニアの分析方法」に規定されているアンモニアの分析方法を述べたものを一つ選べ。

1　試料ガス中の目的成分をスルファニル酸－ナフチルエチレンジアミン酢酸溶液に吸収させて発色させ，吸光度を測定する。

2　試料ガス中の目的成分をジエチルアミン銅溶液に吸収させて発色させ，吸光度を測定する。

3　試料ガス中の目的成分をほう酸溶液に吸収させた後，フェノールペンタシアノニトロシル鉄（Ⅲ）酸ナトリウム溶液及び次亜塩素酸ナトリウム溶液を加えて発色させ，吸光度を測定する。

4　試料ガス中の目的成分を水酸化ナトリウム溶液に吸収させた後，4-ピリジンカルボン酸－ピラゾロン溶液を加えて発色させ，吸光度を測定する。

5　試料ガス中の目的成分を過酸化水素水に吸収させた後，2-プロパノールと酢酸を加え，アルセナゾⅢを指示薬として酢酸バリウム溶液で滴定する。

題意　排ガス中のアンモニアの分析法に関する設問である。

解説　「JIS K 0099 排ガス中のアンモニアの分析方法」では，排ガス中のアンモニア分析方法としてインドフェノール青吸光光度法とイオンクロマトグラフ法を規定している。

インドフェノール青吸光光度法の要旨はつぎのとおりである。

試料ガス中のアンモニアをほう酸溶液に吸収させた後，フェノールペンタシアノニトロシル鉄（Ⅲ）酸ナトリウム溶液および次亜塩素酸ナトリウム溶液を加えて，インドフェノール青を生成させ，吸光度（640 nm）を測定する。

選択肢**1**は誤りである。これは「JIS K 0104 排ガス中の窒素酸化物分析方法」に規定されている二酸化窒素（NO_2）のザルツマン吸光光度法である。

選択肢**2**は誤りである。これは「JIS K 0091 排ガス中の二硫化炭素分析方法」に規定されているジエチルジチオカルバミン酸銅吸光光度法である。

選択肢**3**は正しい。

選択肢**4**は誤りである。これは「JIS K 0109 排ガス中のシアン化水素分析方法」に規定されている**4-**ピリジンカルボン酸ピラゾロン吸光光度法である。

選択肢**5**は誤りである。これは「JIS K 0103 排ガス中の硫黄酸化物分析方法」に規定されている沈殿滴定法（アルセナゾⅢ法）である。

なお，設問文中に「日本工業規格（JIS）」と記載されているが，令和元年（2019年）7月1日から「日本産業規格（JIS）」に変わっている。

【正解】**3**

問 **11**

「JIS B 7983 排ガス中の酸素自動計測器」に規定されている計測器に関する次の記述の中から，誤っているものを一つ選べ。

1　磁気式の計測器は，常磁性体である酸素分子を，高温に加熱することで磁化された際に生じる吸引力を利用して，酸素濃度を測定する装置である。

2　ジルコニア方式は，高温に加熱されたジルコニア素子の両端に電極を設け，その一方に試料ガス，他方に空気を流して酸素濃度差を与えて両極間に生じる起電力を検出する方式である。

3　除湿器は，試料ガス又は反応用ガス中の水分を凝縮などの方法によって除去する装置である。

4　試料採取部において，試料ガス中のダストを除去するためにフィルタが用いられる。

5　可搬形の計測器では，ゼロドリフト試験における4時間当たりの最大偏差が，各測定段階（レンジ）ごとに規定の範囲内であることが求められている。

【題意】　排ガス中の酸素自動計測器の装置に関する設問である。

【解説】　「JIS B 7983 排ガス中の酸素自動計測器」では，つぎの**表**に示す方式が規定されている。

表　「JIS B 7983 排ガス中の酸素自動計測器」で規定されている方式

磁気式	磁気風方式	
	磁気力方式	ダンベル形
		圧力検出形
電気化学式	ジルコニア方式	
	電極式	

磁気式は，酸素分子の常磁性（磁石に引き寄せられる性質）を利用して酸素濃度を測定する方法であり，磁気風方式と磁気力方式がある。

磁気風方式：磁界内で吸引された酸素分子の一部が加熱されて，磁性を失うことによって生じる磁気風の強さを熱線素子によって検出する。

・磁気力方式（ダンベル形）　ダンベル内に封入されたガス（窒素または空気）と試料ガス中の酸素との磁化の強さの差によって生じるダンベルの偏位量を検出する。

・磁気力方式（圧力検出形）　圧力検出形は，周期的に断続する磁界内において，酸素分子に働く断続的な吸引力を，磁界内に一定流量で流入する補助ガスの背圧変化量として検出する。

・電気化学式（ジルコニア方式）　高温に加熱されたジルコニア素子の両端に電極を設け，その一方に試料ガス，他方に空気を流して酸素濃度差を与えて電極間に生じる起電力を検出する（**図**）。

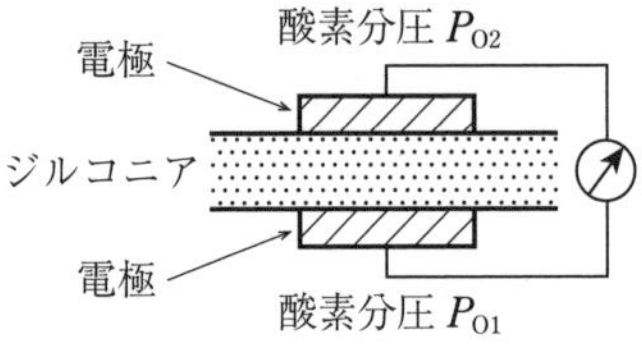

図　ジルコニア方式の原理

・電気化学式（電極方式）　ガス透過性隔膜を通して電解槽中に拡散吸収された酸素が固体電極表面上で還元される際に生じる電解電流を検出する。この方式には，外部から還元電位を与える定電位電解形およびポーラログラフ形と電池反応で発生する電解電流を測定するガルバニ電池形がある。

選択肢 **1** は誤りである。酸素分子は高温に加熱されると磁力を失う。

選択肢 **2** は正しい。ジルコニア（二酸化ジルコニウム）は高温で酸素イオン（O^-）を透過する性質があり，片側に試料ガス，他方に比較ガス（空気など）を流すと電極間に起電力が発生する。

選択肢 **3** は正しい。除湿器は，計測器内に水分が凝縮しない程度に除湿する装置で，自然空冷式，強制空冷式，水冷式，電子冷却式および半透膜気相除湿方式などがある。

冷却除湿の場合は，試料ガスから分離するために除湿器の後段に気液分離器を接続する。

選択肢**4**は正しい。試料採取部は採取管と導管からなるが，試料ガス中にダストなどが混入するのを防ぐために，必要に応じて採取管の先端または後段にろ過材を装着する。

選択肢**5**は正しい。「JIS B 7983 排ガス中の酸素自動計測器」において計測器のゼロドリフトは，ゼロドリフト試験における最大偏差は24時間について各測定段階（レンジ）ごとに最大目盛値の ±2%の範囲内でなければならない。ただし，可搬型は4時間当りとすると規定されている。ゼロドリフト試験はゼロガスを設定流量で導入して24時間連続測定を行い，この間におけるゼロ指示の設定値からの最大偏差を求めるものである。

【正解】 **1**

問 12

物質Aを90％（質量分率）含む試薬を1.0 kgの溶媒に溶かし，物質Aの質量濃度が1.0 mg/Lの標準液を調製する。このとき，量り取るべき試薬の質量として，最も近いものを次の中から一つ選べ。ただし，標準液の密度は0.80 g/mLとする。

1　0.80 mg

2　1.0 mg

3　1.2 mg

4　1.4 mg

5　1.6 mg

【題意】 標準液の濃度に関する計算問題である。

【解説】 設問の内容を**図**に示す。ただし試薬の採取量を x〔mg〕とする。

図　標準液調整の量関係

標準液の質量は $(1.0\times10^{3}+x\times10^{-3})$g である。

体積に換算すると密度 0.80 g/mL から $(1.0\times10^{3}+x\times10^{-3})/0.80$〔mL〕となり，質量濃度〔mg/L〕は次式のように計算される。

$$1.0=\frac{0.9\,x}{\left\{\dfrac{(1.0\times10^{3}+x\times10^{-3})}{0.8}\times10^{-3}\right\}}$$

$$1.0\times\frac{(1.0\times10^{3}+x\times10^{-3})}{0.8}\times10^{-3}=0.9\,x$$

$$1.0\times10^{3}+x\times10^{-3}=0.8\times0.9\times x\times10^{3}$$

$$(0.8\times0.9\times10^{3}-10^{-3})x=1.0\times10^{3}$$

10^{-3} は $0.8\times0.9\times10^{3}$ に比べて非常に小さいので

$$(0.8\times0.9\times10^{3})x\cong1.0\times10^{3}$$

$$x\cong\frac{1.0\times10^{3}}{0.8\times0.9\times10^{3}}=\frac{1.0}{0.72}$$

これを計算すると x は 1.38…となり，選択肢 **4** の 1.4 mg が最も近い。

正解　**4**

問 13

「JIS K 0095 排ガス試料採取方法」に記載されている試料ガス吸引採取方式における，測定成分と使用可能な採取管の材質の組合せとして，誤っているものを一つ選べ。

	測定成分	採取管の材質
1	シアン化水素	ステンレス鋼
2	アンモニア	ステンレス鋼
3	硫黄酸化物	ステンレス鋼
4	ふっ化水素	シリカガラス

5　塩化水素　　　　シリカガラス

［題 意］　排ガス試料採取における採取管の材質に関する設問である。

［解 説］　「JIS K 0095 排ガス試料採取方法」の「表1　採取管，導管，接手管およびろ過材並びに試料ガス分岐管の材質と使用例」から採取管・分岐管の部分を引用して以下の**表**に示す。

表　採取管・分岐管の材質

材　質	ほうけい酸ガラス	シリカガラス	ステンレス鋼	チタン	セラミックス	四ふっ化エチレン樹脂
最高使用温度〔℃〕	400	1 000	800	800	1 000	200
硫黄酸化物 窒素酸化物 一酸化炭素 硫化水素 シアン化水素 酸　素	○	○	○	○	○	○
アンモニア	○	○	○	○	○	○
塩　素	○	○			○	
塩化水素	○	○		○	○	○
ふっ化水素	○		○	○		○
メルカプタン	○	○		○	○	○

この表から，選択肢**4**は誤りである。シリカガラスはふっ化水素により腐食されるため使用できない。そのほかの選択肢は正しい。

［正 解］　**4**

問 14

「JIS B 7985 排出ガス中のメタン自動計測器」に関する次の記述の中から，誤っているものを一つ選べ。

1　赤外線吸収方式の計測器は，共存する二酸化炭素の影響を無視できる場合，又は影響を除去できる場合に適用する。

2　選択燃焼式水素炎イオン化検出方式の計測器は，共存する非メタン炭化水素の影響を無視できる場合，又は影響を除去できる場合に適用する。

3　赤外線ガス分析計は日本工業規格（JIS）に適合するものを用いる。

4　フーリエ変換形赤外線分析計（FTIR）を用いることができる。

5　選択燃焼式水素炎イオン化検出方式による分析計の燃料ガスとして，水素を使用することはできない。

【題　意】　排ガス中のメタン自動計測器の装置に関する設問である。

【解　説】　「JIS B 7985 排出ガス中のメタン自動計測器」は，測定原理として非分散形赤外線吸収方式，フーリエ変換形赤外線吸収方式（FTIR）および選択燃焼式水素炎イオン化検出方式が規定され，付属書にガスクロマトグラフ水素炎イオン化検出方式および試料非吸引採取方式（パスモニタ）に基づくものが記載されている。

赤外線ガス分析計の構成例を**図 1** に示す。これは非分散形赤外線吸収方式でメタンの 3.3 μm 付近における赤外線吸収を計測する。

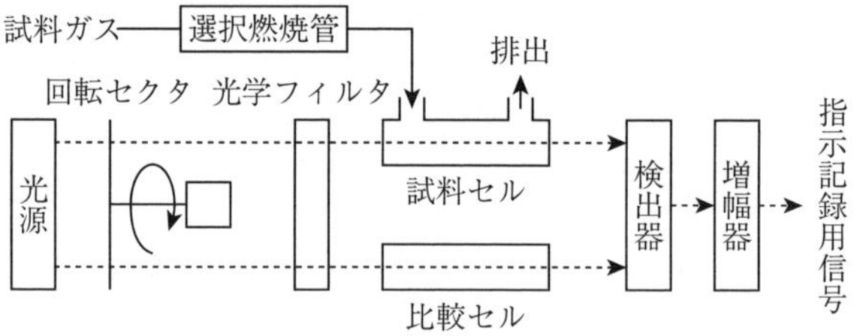

図 1　赤外線ガス分析計の構成例

フーリエ変換形赤外線分析計の構成例を**図 2** に示す。排出ガス中のメタン濃度は 3.2 ～ 3.5 μm の吸収波長によって測定する。

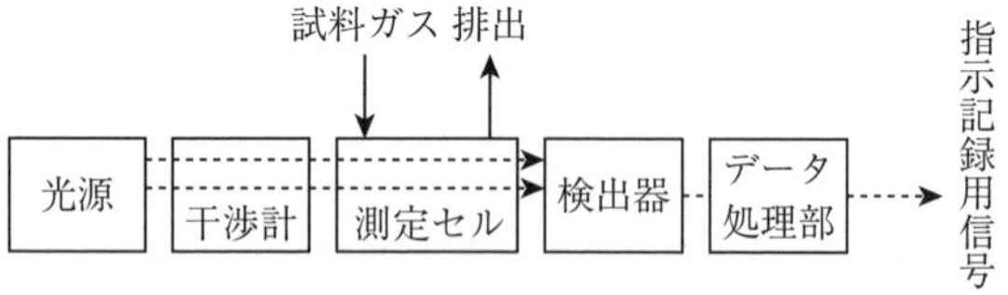

図 2　フーリエ変換形赤外線方式分析計の構成例

選択燃焼式水素炎イオン化検出方式による分析計の構成例を**図 3** に示す。これは，試料ガス中の非メタン炭化水素を選択的に燃焼除去する選択燃焼管（触媒管）を用いてメタンを分離し，水素炎イオン化検出器に導入してメタン濃度を測定するもので

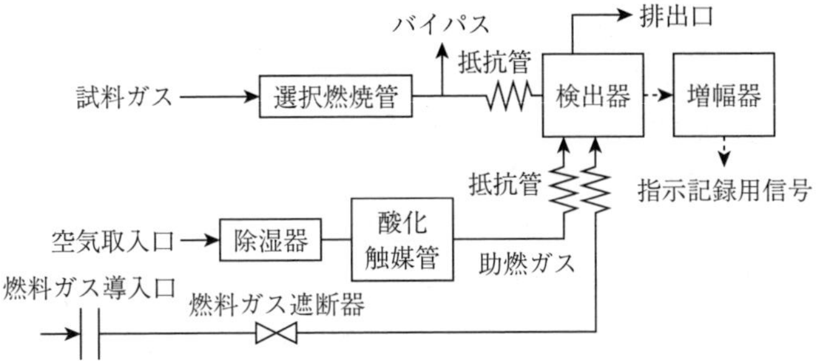

図3　選択燃焼式水素炎イオン化検出方式による分析計の構成例

ある。

選択肢**1**は正しい。赤外線吸収方式のメタン分析計は二酸化炭素の影響を受ける。

選択肢**2**は正しい。非メタン炭化水素が共存すると影響を受けるので，選択燃焼管により影響を除去する。

選択肢**3**は正しい。赤外線ガス分析計は「JIS K 0151 赤外線ガス分析計」に適合するものを用いる。

選択肢**4**は正しい。

選択肢**5**は誤りである。選択燃焼式水素炎イオン化検出方式の検出器は燃料ガスとして水素を用いる。助燃ガスは除湿器もしくは空気精製器で精製した空気，または容器詰め精製空気もしくは合成空気などを用いる。

正解は**5**である。

【正解】 **5**

問 15

「JIS K 0055 ガス分析装置校正方法通則」に規定されている校正用ガスに関する次の記述の中から，誤っているものを一つ選べ。

1　校正用ガスとは，ゼロガス，スパンガス，中間点ガスの総称である。

2　校正用ガス調製装置は，未知濃度の目的成分ガスから校正用ガスを調製することができる。

3　ゼロガスは，分析装置の最小目盛値を校正するために用いる。

4　希釈ガスは，校正用ガスを調製する際に，目的成分ガスをある濃度に希釈するために用る。

5　校正用ガスの調製，充てんには，ガラス製容器を使用することができる。

【題 意】　ガス分析装置の校正用ガスに関する設問である。

【解 説】　ガス分析装置の目盛値または出力値は校正用ガスを用いて校正する。

選択肢 **1** は正しい。校正用ガスは，分析装置の構成に用いる標準ガスで，ゼロガス・スパンガス・中間点ガスの総称である。校正はゼロ調整とスパン調整を繰り返して，それぞれの指示が指定の再現性内で一致したことを確認して行う。

選択肢 **2** は誤りである。校正用ガスは標準ガスであり，校正用ガス調製装置で調製する場合は，容器詰め校正用ガスなどの既知濃度のガスを原料とするか，高純度物質から一定濃度を連続的に発生させて行う。未知濃度の目的成分ガスから校正用ガスは調製できない。

選択肢 **3** は正しい。

選択肢 **4** は正しい。

選択肢 **5** は正しい。校正用ガスの調製，充填に用いるガス容器は市販されている高圧ガス容器またはスプレー缶詰の標準ガス容器のほか，校正用ガス調製に用いるガラス製，ステンレス製容器などがある。

【正 解】　**2**

問 16

日本工業規格（JIS）に規定されている排ガスの分析方法において，測定対象と使用可能な試料採取法の組合せとして，誤っているものを一つ選べ。

	測定対象（適用 JIS）	試料採取法
1	ベンゼン（JIS K 0088）	捕集バッグ法
2	アクロレイン（JIS K 0089）	真空捕集瓶法
3	ホスゲン（JIS K 0090）	吸収瓶法
4	メルカプタン（JIS K 0092）	真空捕集瓶法
5	ホルムアルデヒド（JIS K 0303）	捕集バッグ法

〔題 意〕 排ガス分析における試料採取法に関する設問である。

〔解 説〕 選択肢**1**は正しい。「JIS K 0088 排ガス中のベンゼン分析方法」ではガスクロマトグラフ法とジニトロベンゼン吸光光度法の2法が規定されており，ガスクトマトグラフ法は捕集バッグまたは濃縮法が規定されている。濃縮法は低濃度試料の場合に適用され，多孔性ポリマービーズを詰めた濃縮管を試料ガス採取装置につけて採取する。ジニトロベンゼン吸光光度法の場合はニトロ化酸液を入れた吸収瓶法を用いる。

選択肢**2**は正しい。「JIS K 0089 排ガス中のアクロレイン分析方法」ではガスクロマトグラフ法とヘキシルレゾルシノール吸光光度法の2法が規定されている。ガスクロマトグラフ法は真空捕集瓶法で試料採取し，ヘキシルレゾレシノール吸光光度法ではトリクロロ酢酸，塩化水銀（Ⅱ）および4-ヘキシルレゾルシノール混合溶液を入れた吸収瓶法で試料を採取する。

選択肢**3**は正しい。「JIS K 0090 排ガス中のホスゲン分析方法」ではジフェニル尿素紫外吸光光度法が規定され，試料採取にはアニリン溶液を入れた吸収瓶法が用いられる。

選択肢**4**は正しい。「JIS K 0092 排ガス中のメルカプタン分析方法」では，ジメチルフェニレンジアミン吸光光度法とガスクロマトグラフ法の2法が規定されている。ジメチルフェニレンジアミン吸光光度法は酢酸水銀（Ⅱ）溶液を入れた吸収瓶法が用いられ，ガスクロマトグラフ法では真空捕集瓶または捕集バッグで試料を採取する。

選択肢**5**は誤りである。「JIS K 0303 排ガス中のホルムアルデヒド分析方法」では，AHMT（4-アミノ-3-ヒドラジノ-5-メルカプト-1,2,4-トリアゾール）吸光光度法（ほう酸吸収瓶捕集），ガスクロマトグラフ（GC）法（DNPH（2,4-ジニトロフェニルヒドラジン）捕集剤の吸収瓶捕集法またはカートリッジ捕集法），高速液体クロマトグラフ（HPLC）法（DNPH捕集剤の吸収瓶捕集法またはカートリッジ捕集法）高速液体クロマトグラフ（HPLC）法（CEBHA捕集剤のカートリッジ捕集法），AHMT吸光光度：自動分析法（水酸化カリウム吸収瓶法）が規定されており，さらに付属書にイオンクロマトグラフ法とクロモトロープ酸吸光光度法が規定されている。この中に捕集バッグ法はない。

〔正 解〕 **5**

問 17

「JIS K 0050 化学分析方法通則」に従って器具を洗浄した。次の操作の中から誤っているものを一つ選べ。

1　金属元素の分析に用いるガラス器具を，硝酸を用いて洗浄した。

2　金属元素の分析に用いる磁器器具を，塩酸を用いて洗浄した。

3　白金るつぼの洗浄に，クレンザー入り洗剤を用いた。

4　プラスチック器具の洗浄に，中性洗浄剤を用いた。

5　酸や洗浄剤で洗浄した後に，「JIS K 0557 用水・排水の試験に用いる水」に規定されている種別 A4 の水を用いて洗浄した。

題意　化学分析に使用する器具の洗浄に関する設問である。

解説　「JIS K 0050 化学分析方法通則」の付属書 F（参考）に「主な器具の洗浄方法」が記述されている。概要は以下のとおりである。なお A3，A4 の水とは，この規格の付属書 D に記載されている表 D.1 の種別である。この表は「JIS K 0557 用水・排水の試験に用いる水」JIS K 0557 のものと同一である。

（ガラス器具，磁器器具および石英ガラス器具）

・金属元素の分析に用いる場合は，水で洗浄した後，硝酸（1＋10）または塩酸（1＋10）に 24 時間以上浸し，A3 または A4 の水で洗浄する（選択肢 **1**，**2** は正しい）。

・金属元素以外の試験に用いる場合は，A3 または A4 の水で洗浄する。

（白金器具）

・表面が曇った場合は炭酸水素ナトリウムで磨き，A3 または A4 の水で洗浄する。クレンザー入りの洗剤は用いてはならない（選択肢 **3** は誤り）。

・白金るつぼ内にこびりついた汚れは炭酸ナトリウムを入れて強熱融解した後，硝酸または塩酸に 1 分間浸したのち A3 または A4 の水で洗浄する。あるいは二硫酸カリウムを入れて弱火で加熱融解した後，炭酸ナトリウム処理を行う。

（合成樹脂器具）

・弱アルカリ性洗剤または中性洗剤の溶液に 5 時間から 1 昼夜浸し，水で十分に洗い流す。器具の用途に応じて硝酸に浸せきし，A3 または A4 の水で洗浄する（選択肢 **4** は正しい）。

また上記より，どの器具も酸や洗浄剤で洗浄した後に A3 または A4 の水で洗浄することになっているので，選択肢 **5** は正しい。

【正 解】 **3**

問 18

次に示す三つの方法で硫酸の質量分率が 96 % である濃硫酸を希釈し，得られた溶液の硫酸濃度をそれぞれ A ～ C とするとき，それらの大小関係を表した式として正しいものを，次の **1** ～ **5** の中から一つ選べ。ただし，希釈には純水を使用し，希釈前の濃硫酸の密度は 1.83 g/cm^3，希釈後の溶液の密度はいずれも 1.01 g/cm^3 とする。

希釈方法	希釈後の硫酸濃度
濃硫酸 1.00 cm^3 を全量 100 cm^3 に希釈した。	A
濃硫酸 1.00 g を全量 100 g に希釈した。	B
濃硫酸 1.00 cm^3 を全量 100 g に希釈した。	C

1　A = B < C

2　B < A < C

3　B < C < A

4　C < A = B

5　A = B = C

【題 意】 溶液の希釈と濃度に関する計算問題である。

【解 説】 希釈後の溶液の濃度を g/cm^3 で表すことにする。

A：濃硫酸 1.00 cm^3 中の硫酸の量は 1.83 g であり，希釈溶液は 100 cm^3 であるので，希釈溶液の濃度は $1.83/100 = 1.83 \times 10^{-2}$ g/cm^3 となる。

B：濃硫酸 1.00 g 中の硫酸の量は質量分率 96 % であるので 0.96 g であり，希釈溶液 100 g の体積は 100/1.01 cm^3 である。希釈溶液の濃度は $0.96/(100/1.01) = 0.96 \times 1.01 \times 10^{-2}$ g/cm^3 となる。

C：濃硫酸 1.00 cm^3 中の硫酸の量は 1.83 g であり，希釈溶液 100 g の体積は 100/1.01 cm^3 である。希釈溶液の濃度は $1.83/(100/1.01) = 1.83 \times 1.01 \times 10^{-2}$ g/cm^3

となる。

A, B, C の大小関係は C が最も大きく，つぎに A で，B が最も小さい。つまり，選択肢 **2** が正しい。

【正 解】 **2**

【問】 **19**

「JIS K 0126 流れ分析通則」に規定されている流れ分析に関する次の記述の中から，誤っているものを一つ選べ。

1　流れ分析では，流れの中で試料と試薬とを反応させた成分を連続的に検出，定量する。

2　連続流れ分析装置における送気部は，試料を乾燥させるための気体を送気する。

3　反応部では，希釈，試薬との反応，抽出などを行うことができる。

4　検出器として，分光光度検出器，蛍光検出器，原子吸光分析計などが用いられる。

5　「JIS K 0102 工場排水試験方法」において，フェノール類やアンモニウムイオンの分析法として採用されている。

【題 意】 流れ分析の原理，装置の構成などに関する設問である。

【解 説】 「JIS K 0126 流れ分析通則」は 2019 年 1 月 21 日に改訂され，2009 年版から内容が大きく書き換えられている。旧版のフローインジェクション分析と連続流れ分析に加えてシーケンシャルインジェクション分析が追加された。そのほか大きな改正点としては，付属書 B という形で不確かさの求め方が追記されていることである。この設問は 2018 年 12 月に実施された試験のものであり，2009 年版の記述に基づいている。

選択肢 **1** は正しい。

選択肢 **2** は誤りである。連続流れ分析装置における送気部は，液体を分節するための気体を送気するものである。

選択肢 **3** は正しい。反応部には分割および希釈を行う部分と，試薬との反応，抽出，濃縮，気液分離などを行う部分とがある。

選択肢 **4** は正しい。流れ分析の検出器は，分光光度検出器，炎光光度検出器，蛍光検出器，電気化学検出器（電位差検出器，電流検出器など），原子吸光分析計，化学発光検出器などが使用できる。

選択肢 **5** は正しい。「JIS K 0102 工場排水試験方法」で流れ分析法が適用されるのは，アンモニウムイオン，亜硝酸イオンおよび硝酸イオン，全窒素りん化合物および全りん，フェノール類，ふっ素化合物，クロム（Ⅵ），陰イオン界面活性剤，シアン化合物である。

【正　解】 **2**

問 20

「JIS K 0102 工場排水試験方法」に規定されている試料の保存処理に関する次の記述の中から，誤っているものを一つ選べ。

1　アンモニウムイオン，有機体窒素及び全窒素の試験に用いる試料は，塩酸又は硫酸を加え，pH 2 ～ 3 とし，0℃ ～ 10℃ の暗所に保存する。

2　亜硝酸イオン及び硝酸イオンの試験に用いる試料は，クロロホルムを加えて 0℃ ～ 10℃ の暗所に保存する。

3　よう化物イオン及び臭化物イオンの試験に用いる試料は，水酸化ナトリウム溶液を加えて pH 約 10 として保存する。

4　銅，亜鉛，鉛，カドミウム，マンガン，鉄などの金属元素の試験に用いる試料は，硝酸を加えて pH 約 1 として保存する。

5　シアン化合物及び硫化物イオンの試験に用いる試料は，塩酸を加えて pH 約 1 として保存する。

【題　意】 採水した試料の保存処理に関する設問である。

【解　説】 「JIS K 0102 工場排水試験方法」では試験は試料採取後ただちに行うこととしている。ただちに試験ができない場合は，「JIS K 0094 工業用水・工場排水の試料採取方法」の「7. 試料の保存処理」に従い，なるべく早く試験する。つぎの**表**に保存処理の方法を要約する。

表　保存処理の方法

試験項目	保存処理
COD_{Mn}，COD_{OH}，COD_{Cr}，BOD，TOC，TOD，界面活性剤	0～10℃暗所で保存
アンモニウムイオン，有機体窒素，全窒素	塩酸または硫酸でpH 2～3にして0～10℃の暗所で保存
亜硝酸イオン，硝酸イオン	クロロホルム添加，0～10℃暗所で保存
よう化物イオン，臭化物イオン	水酸化ナトリウムでpH 10にして保存
シアン化物イオン，硫化物イオン	水酸化ナトリウムでpH 12として保存
フェノール類	りん酸でpH 4，硫酸銅添加，0～10℃暗所で保存
りん化合物，全りん	クロロホルム添加，0～10℃暗所で保存
銅，亜鉛，鉛など金属元素	硝酸添加，pH 1にして保存
クロム(Ⅵ)	そのままの状態で0～10℃暗所で保存

選択肢**1**は正しい。アンモニウムイオンはアルカリ性のため，酸を加えて安定化させる。

選択肢**2**は正しい。亜硝酸イオンおよび硝酸イオンは水中の微生物により消費されるためクロロホルムで活動を抑える。

選択肢**3**は正しい。よう化物イオン，臭化物イオンは酸性のため，水酸化ナトリウムでアルカリ性にして安定化させる。

選択肢**4**は正しい。金属イオンは酸性にして溶存状態を保つ。

選択肢**5**は誤りである。シアン化物イオンや硫化物イオンは酸性にすると揮散するのでアルカリ性で保存する。

【正解】 **5**

問 21

「JIS K 0124 高速液体クロマトグラフィー通則」に規定されている分析操作に関する次の記述の中から，誤っているものを一つ選べ。

1　試料の前処理操作を行う目的の一つとして，カラム及び分析機器の保護並びに劣化の防止がある。

2　溶解液は，分析種，充填剤，検出器などの種類に応じて適切なものを選択する。

3　検出感度や選択性を高める目的で，プレカラム誘導体化法又はポストカラム誘導体化法が使用されることがある。

4　測定中は，溶離液の組成を変化させてはならない。

5　対象とする分析種や固定相に用いる物質の種類などによって，必要に応じて溶離液を使用前に脱水する。

［題　意］　高速液体クロマトグラフ法の分析操作に関する設問である。

［解　説］　高速液体クロマトグラフィー（HPLC）は液体クロマトグラフィー（LC）の一つで，移動相の液体をポンプを用いて高圧で送液することによって，短時間で高性能の分離を得るようにしたものである。

選択肢**1**は正しい。前処理は，場合によって試料を高速液体クロマトグラフ装置に導入する前に行う操作で，特異性，精度，感度などの向上，測定妨害物質の除去，カラムおよび分析機器の保護ならびに劣化の防止，測定操作，手順の簡易化，分析種の安定化などを目的とする。

選択肢**2**は正しい。溶離液はつぎの条件を満たすことが望ましい。

a）　分析種を適切に分離できるもの

b）　充填剤に対して化学的，物理的に損傷を与えないもの

c）　試料を変質することなく溶解できるもの

d）　検出器の作動に適したもの

e）　固形物を除去したもの

f）　脱気したもの

g）　混和性がよいもの

h）　引火・爆発性が弱いもの，毒性が低いなど安定性が高いもの

選択肢**3**は正しい。プレカラム誘導体化は，分析種が直接検出できない場合，高感度かつ選択的な検出を行いたい場合，または最適な分離を得るために測定試料溶液をカラムに導入する前に目的成分の誘導体化を行うことである。ポストカラム誘導体化は，分析種をカラムで分離後，溶出液に誘導体化試薬などを加えて反応させて誘導体化するものである。ポストカラム誘導体化は，もとの分析対象成分がそのままの構造では検出できない，検出感度が低い，きょう雑成分の妨害が大きいなどの理由で，選

択的で高感度な検出が行えない場合に用いる。

選択肢 **4** は誤りである。溶離法としてイソクラティック溶離とグラジエント溶離がある。イソクラティック溶離法は単一組成の溶離液を用いて測定の間溶離液の組成は一定に保つ方法である。グラジエント溶離法は時間の経過とともに溶離液の組成を変化させる方法である。イソクラティック溶離法には，保持時間の再現性がよいという利点があり，液体クロマトグラフを用いるルーチン分析に広く用いられているが，極性化合物と非極性化合物の分離に長時間を要するという欠点がある。グラジエント溶離法は溶出時間を短縮でき，ピーク形状が鋭くすることができる。

選択肢 **5** は正しい。分析種が水に対して不安定な場合，またはシリカゲルのように水に対する親和性が大きな物質を固定相に用いる場合，溶離液中の水分には注意を要し，必要に応じて溶離液を使用前に脱水する。

【正 解】 4

問 22

「JIS K 0102 工場排水試験方法」に規定されている水素化物発生 ICP 発光分光分析法によるひ素の定量に関する次の一連の操作において，下線を付した（ア）～（エ）の正誤の組合せとして，正しいものを一つ選べ。

a）　試料をビーカーにとり，硫酸及び(ア)硝酸を加え，更に(イ)過マンガン酸カリウム溶液を溶液が着色するまで滴加する。

b）　加熱板上で加熱して硫酸の白煙を発生させる。

c）　室温まで放冷した後，水，塩酸，(ウ)よう化カリウム溶液及びアスコルビン酸溶液を加えて約 60 分間静置し，全量フラスコに移し入れ，水を標線まで加える。

d）　連続式水素化物発生装置にアルゴンを流しながら，c）の溶液，(エ)テトラヒドロほう酸ナトリウム溶液及び塩酸を，定量ポンプで連続的に装置内に導入し，水素化ひ素を発生させる。

e）　発生した水素化ひ素と廃液とを分離した後，水素化ひ素を含む気体を発光部に導入し，波長 193.696 nm の発光強度を測定する。

	（ア）	（イ）	（ウ）	（エ）
1	正	正	正	正
2	誤	正	正	正
3	正	誤	正	正
4	正	正	誤	正
5	正	正	正	誤

［題　意］　水素化物発生 ICP 発光分光分析によるひ素の定量操作に関する設問である。

［解　説］　この方法では，試料を前処理してひ素を水素化ひ素とし，試料導入部を通して誘導結合プラズマ中に導入し，ひ素による発光を波長 193.693 nm で測定する。

硫酸，硝酸，過マンガン酸カリウムで処理した試料溶液を**図**の連続式水素化物発生装置で水素化ひ素を発生させ発光部に導入する。

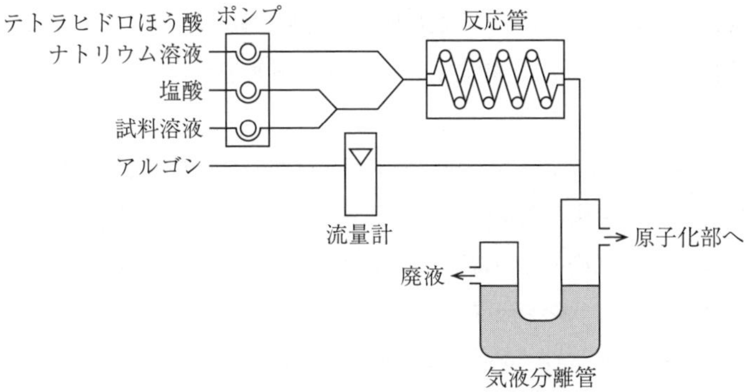

図　連続式水素化合物発生装置の構成例

ア）の硝酸は正しい。

イ）の過マンガン酸カリウム溶液は正しい。

ウ）のよう化カリウム溶液は正しい。

エ）のテトラヒドロほう酸ナトリウムは正しい。

したがって，正しい組合せは選択肢 **1** である。

［正　解］　**1**

問 23

ICP 質量分析装置の構成に関する次の記述の中から，正しいものを一つ選べ。

1 スプレーチャンバーは，ネブライザーから発生させた霧のうち，粒径の大きい霧だけを選択して，プラズマに導く役割を持つ。

2 インターフェース部には，サンプリングコーン及びスキマーコーンを使用している。

3 イオンレンズ部は，プラズマから中性粒子を効率よく質量分離部に導くための部分である。

4 四重極形質量分析計では，固定磁場を利用してイオンをその質量によって分離する。

5 検出部は，質量分離部で分離された電子を検出し，読み取り可能な信号に変換する部分である。

【題意】 ICP 質量分析装置の構成に関する設問である。

【解説】 図は「JIS K 0133 高周波プラズマ質量分析通則」の高周波プラズマ（ICP）質量分析計の構成例である。

選択肢 **1** は誤りである。スプレーチャンバーは図の「試料導入部」の円筒形の部品で，ネブライザーで発生した霧のうち粒径の小さい霧だけを選別してプラズマに導入するものである。粒径の大きい霧はプラズマ内で十分に分解しない。

選択肢 **2** は正しい。インターフェース部は大気圧下のプラズマと真空状態の質量分離部を結ぶ境界を形成し，プラズマで生成するイオンを効率よく質量分離部へ導く役割を果たす。サンプリングコーンおよびスキマーコーンならびにゲートバルブから成る 200 ～ 400 Pa 程度の準真空領域である。図の中央部「ゲートバルブ」の左側の「イオン化部」に近いほうがサンプリングコーン，その右がスキマーコーンである。サンプリングコーンは，先端に直径 1 mm 程度のオリフィスをもった円錐形のものであり，水またはガスで冷却する。スキマーコーンは，先端に直径 0.3 ～ 1 mm 程度のオリフィスをもった円錐形のものである。なおゲートバルブは，装置が休止状態にあるときに，質量分離部の真空状態を保つための機構である。

選択肢 **3** は誤りである。イオンレンズ部は，プラズマからイオンを効率よく引き出

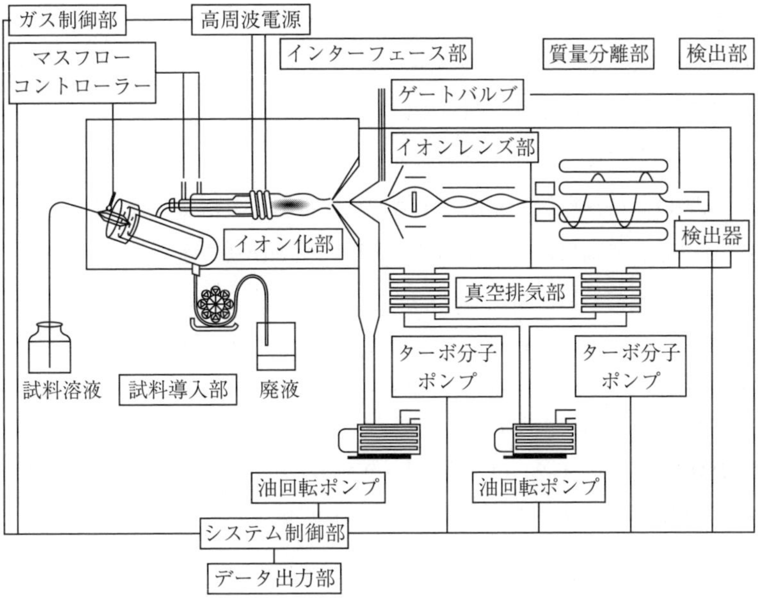

図　ICP質量分析計の構成例

し，質量分離部へ導くための部分である。同時に中性粒子および紫外線を遮断して検出されないようにする役割も果たす。

選択肢**4**は誤りである。四重極形質量分析計は質量分離部に四重極電極を配置し，ここを通過するイオンをフィルター作用によって特定の質量電荷比のイオンを選別して検出する質量分析計である。四重極には直流電圧と高周波電圧を印加し，四重極に囲まれた空間に高周波電界を形成させる。印加電圧を変化させると通過できるイオンを質量で選別することができる。固定磁場を利用するのは，磁場強度一定で電場電圧を変化させて質量分離を行う磁場形二重収束質量分析計である。

選択肢**5**は誤りである。検出部は，質量分離部で分離されたイオンを検出し，読み取り可能な信号に変換する部分であり，電子を検出するものではない。

【正解】 **2**

問 24

「JIS K 0450-20-10 工業用水・工場排水中のアルキルフェノール類試験方法」に関する次の記述の中から，誤っているものを一つ選べ。

1　試料容器には，共栓ガラス瓶を用いることができる。

2　試験は試料採取後，常温で 1 週間程度静置してから行う。

3　試料の前処理には，溶媒抽出法又は固相抽出法を適用する。

4　試料の濃縮には，ロータリーエバポレーターを用いることができる。

5　測定には，ガスクロマトグラフ質量分析法を用いることができる。

【題意】　用水，排水中のアルキルフェノール類の試験方法に関する設問である。

【解説】　「JIS K 0450-20-10 工業用水・工場排水中のアルキルフェノール類試験方法」では，**表**に示す 7 種のアルキルフェノール類の試験方法が規定されている。

表　7 種のアルキルフェノール類の試験方法

Chemical Abstracts name	慣用名	分子式
4-(1,1-ジメチルエチル) フェノール 4-(1,1-dimdylethy l) phenol	4-*t*-ブチルフェノール	$C_{10}H_{14}O$
4-ペンチルフェノール 4-pentylphenol	4-*n*-ペンチルフェノール	$C_{11}H_{16}O$
4-ヘキシルフェノール 4-hexylphenol	4-*n*-ヘキシルフェノール	$C_{12}H_{18}O$
4-ヘプチルフェノール 4-heptylphenol	4-*n*-ヘプチルフェノール	$C_{13}H_{20}O$
4-(1,1,3,3-テトラメチルブチル) フェノール 4-(1,1,3,3-tetramethylbutyl) phenol	4-*t*-オクチルフェノール	$C_{14}H_{22}O$
4-オクチルフェノール 4-octylphenol	4-*n*-オクチルフェノール	$C_{14}H_{22}O$
ノニルフェノール nonylphenol	ノニルフェノール	$C_{15}H_{24}O$

選択肢 **1** は正しい。試料容器は共栓ガラス瓶 (100 ml) を用いるが，共栓の代わりにねじぶた (四ふっ化エチレン樹脂製のパッキン付き) を用いたものでもよい。

選択肢 **2** は誤りである。試験は試料採取後ただちに行う。ただちに行えない場合は，

0 ～ 10 ℃の暗所に保存し，できるだけ早く試験する。

選択肢 **3** は正しい。試料の前処理はジクロロメタンを溶媒として溶媒抽出法または固相抽出法で行う。

選択肢 **4** は正しい。溶媒抽出を行った後，ロータリーエバポレーターまたはクデルナダニッシュ濃縮器でジクロロメタン溶液を濃縮する。

選択肢 **5** は正しい。測定はキャピラリーカラムを付けたガスクロマトグラフ質量分析法で行う。

正解は **2** である。

正 解 **2**

問 25

「JIS B 7954 大気中の浮遊粒子状物質自動計測器」に規定されている光散乱方式の自動計測器に関する次の記述について，［(ア)］～［(ウ)］に入る語句の組合せとして，正しいものを一つ選べ。

光散乱方式は，粒子による［(ア)］光量から［(イ)］濃度としての指示値を得るものである。レーザーダイオードやタングステンランプなどが［(ウ)］として使用される。

	(ア)	(イ)	(ウ)
1	吸収	相対	ベータ線源
2	吸収	質量	光源
3	散乱	相対	ベータ線源
4	散乱	質量	ベータ線源
5	散乱	相対	光源

題 意 光散乱方式による大気中浮遊粒子状物質自動計測器に関する設問である。

解 説 「JIS B 7954 大気中の浮遊粒子状物質自動計測器」では，**表**に示す方式が規定されている。**図**に光散乱方式の構成例を示す。

表 「JIS B 7954 大気中の浮遊粒子状物質自動計測器」で規定されている方式

名　称	捕　集	原　理	測定量
ベータ線吸収方式	ろ紙捕集	ろ紙のベータ線吸収量の増加	質量濃度
圧電天びん方式	静電的に水晶振動子上に捕集	振動数の変化	質量濃度
光散乱方式	検出器内に大気を導入	散乱光量	相対濃度
フィルター振動方式	ろ紙捕集	円すい状振動子の振動数の低下	質量濃度
(参考) 吸光方式	ろ紙捕集	ろ紙の吸光度，反射量の変化	相対濃度

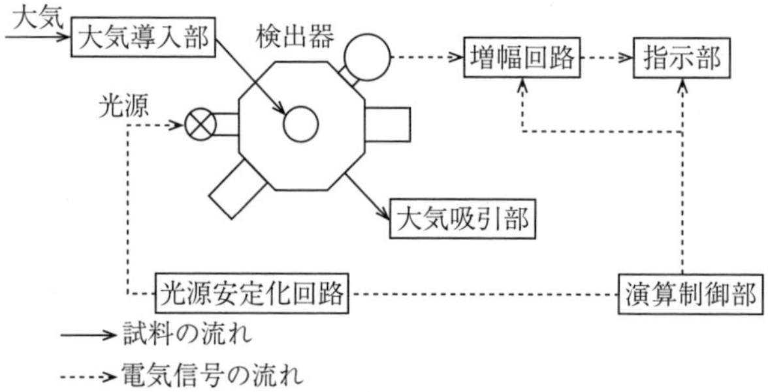

図　光散乱方式の構成例

光散乱方式は，粒子による散乱光量から相対濃度としての指示値を得るもので，大気導入部，検出器，光源，光源安定化回路，増幅回路，演算制御部，大気吸引部，指示部などで構成される。

設問の（ア）は「散乱」，（イ）は「相対」，（ウ）は「光源」であり，これに相当するのは選択肢 **5** である。

【正 解】 **5**

2.3　第70回（令和元年12月実施）

問 1

「JIS Z 8802 pH 測定方法」に関する次の記述の中から，正しいものを一つ選べ。

1　pH 標準液は，使用前に大気中に開放して，しばらく放置した後に使用する。

2　検出部の洗浄は水で行うが，特に汚れている場合には，必要に応じて洗剤，0.1 mol/L 塩酸などで短時間洗い，更に流水で十分に洗う。

3　pH 値が 11 以上の測定に対しては，通常のガラス電極ではアルカリ誤差を生じ，その測定値が高く出るおそれがある。

4　pH 計のゼロ校正は，二酸化炭素を除いた水に検出部を浸して行う。

5　トレーサビリティが必要な場合には，3 種類以上の pH 標準液を使用して校正を行わなければならない。

題意　ガラス電極を用いた pH の測定方法に関する設問である。

解説　「JIS Z 8802：2011 pH 測定方法」は，ガラス電極を用いた pH 計で水溶液の pH 値を測定する方法について規定している。

理論的には pH は水素イオン活量（a_{H^+}：水素イオン濃度 × 活量係数）を用いた次式によって水素イオン指数として定義される。

$$pH = -\log a_{H^+}$$

しかし，現実にはこの測定は不可能なため，JIS では pH を「この規格に規定した pH 標準液の pH 値を基準とし，ガラス電極 pH 計で測定される起電力から求められる値」と定義し，「ピーエッチ」または「ピーエイチ」と読むと規定している。

pH 計は溶液の中に浸したガラス電極と比較電極の間に発生する電位差を測定する電位差計である。pH 計とガラス電極の構造を**図**に示す。

選択肢 **1** は誤りである。pH 標準液は一度使用したものおよび大気中に開放して放置したものは再度使用してはならない。アルカリ性の高い標準液，例えば，ほう酸塩 pH 標準液や炭酸塩 pH 標準液は大気中に放置すると，二酸化炭素などを吸収して pH 値が低下する。

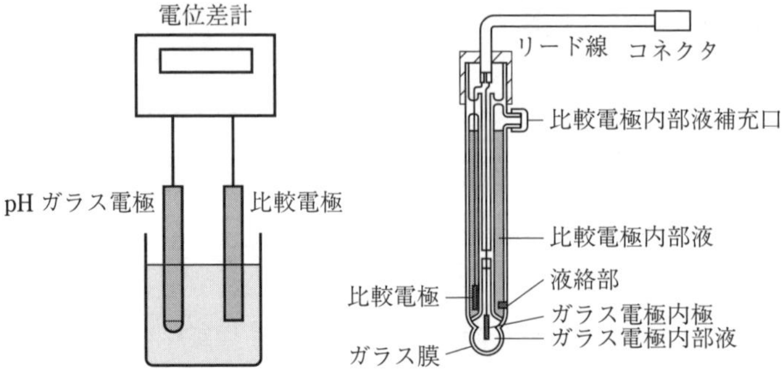

(a) pH 計の構造　　(b) pH 複合電極の構造

図　pH 計とガラス電極の構造

選択肢 **2** は正しい。検出部のガラス電極は使用前に水で繰り返し 3 回以上洗い，きれいなろ紙，脱脂綿などで拭っておく。特に汚れている場合は，必要に応じて洗剤，0.1 mol/L 塩酸などで短時間洗い，さらに流水で十分に洗う。

選択肢 **3** は誤りである。通常のガラス電極を用いて pH 値 11 以上の測定を行う場合，アルカリ誤差が生じ，pH 値が実際よりも低く表示される。アルカリ誤差の少ない電極を使用し，かつ補正を行うことが望ましい。

選択肢 **4** は誤りである。pH 計のゼロ校正は，中性りん酸塩 pH 標準液を用いて行う。スパン校正は，試料溶液の pH が 7 以下の場合は，フタル酸塩 pH 標準液またはしゅう酸塩 pH 標準液を用い，pH 7 以上の場合はりん酸塩 pH 標準液，ほう酸塩 pH 標準液または炭酸塩 pH 標準液を用いる。

選択肢 **5** は誤りである。トレーサビリティが必要な場合には，認証 pH 標準液を用いなければならない。認証標準液は，CIPM（国際度量衡委員会）の CCQM（物質量諮問委員会）の定める一次測定法によって pH 値が測定された pH 標準液，またはそれにトレーサブルな標準液であって，95 %の信頼区間を与える拡張不確かさがおよそ 0.015 以内のものである。日本では JCSS（計量標準供給制度）の pH 標準液が試薬メーカーより供給されている。

【正 解】 **2**

問 2

濃硫酸（H_2SO_4 の質量分率 95.0%，密度 1.84 g/mL）を水で希釈し，3.00 mol/L

の硫酸水溶液を正確に500 mL調製する際に要する濃硫酸の量として，最も近いものを次の中から一つ選べ。ただし，温度変化による体積変化はないものとし，H_2SO_4 のモル質量は98.0 g/molとする。

1　76 mL

2　80 mL

3　84 mL

4　160 mL

5　168 mL

題　意　溶液希釈における濃度を問う計算問題である。

解　説　濃硫酸の量を x〔mL〕として関係を**図**に示す。

図　設問の濃硫酸の濃度

① 図の (A) の中に含まれる H_2SO_4 の物質量を求める。濃硫酸 x〔mL〕，密度1.84 g/mLより，質量は1.84 x〔g〕であり，95 %なので H_2SO_4 の量は $1.84\,x \times 0.95$〔g〕である。これを物質量に換算する。

$$\text{物質量}：\frac{1.84\,x \times 0.95}{98.0}\ \text{〔mol〕} \qquad (1)$$

② 図の (B) の中に含まれる H_2SO_4 の物質量を求める。濃度3.00 mol/Lの溶液500 mL中の物質量は

$$\text{物質量}：\frac{3.00 \times 500}{1\,000}\ \text{〔mol〕} \qquad (2)$$

③ 式 (1) と式 (2) は等しいので次式が成り立つ。

$$\frac{1.84\,x \times 0.95}{98.0} = \frac{3.00 \times 500}{1\,000}$$

④ 上式を変形して x を計算する。

$$x=\frac{3.00\times500}{1000}\times\frac{98.0}{1.84\times0.95}=\frac{3\times98.0}{2\times1.84\times0.95}$$

$$=84.096$$

この数に最も近いのは選択肢**3**である。

【正 解】 **3**

【問】 3

「JIS K 0114 ガスクロマトグラフィー通則」に規定されているガスクロマトグラフの試料注入法に関して，次の記述の中から誤っているものを一つ選べ。

1　スプリット注入法では，試料導入部に設けた分岐によって，注入気化した試料の一部をカラムに導入する。

2　スプリットレス注入法では，注入気化した試料のほぼ全量がカラムに移送された段階で，気化室に残存する溶媒などをスプリット出口から系外に排出する。

3　直接注入法では，試料を加熱した気化室で瞬間気化させた後，カラムへ全量導入する。

4　コールドオンカラム注入法では，試料溶媒の沸点以上に保った注入口を通してカラムに直接試料を導入する。

5　ガラスウールまたは石英ウールをライナーに入れる目的の一つは，試料の均一な気化を促すことである。

【題 意】　ガスクロマトグラフィーにおける試料注入方法に関する設問である。

【解 説】　ガスクロマトグラフの装置は，キャリヤーガス流量制御部，試料導入部，カラム，カラム槽，検出器およびデータ処理部からなる。試料導入部は，試料をキャリヤーガス流路中に導入するための部分で，使用するカラムによってキャピラリーカラム用と充填カラム用に大別される。その多くはシリンジを用いて試料の導入を行う。

キャピラリーカラム用試料導入部には，つぎのようなものがある。

・スプリット注入法（分割導入方式）　キャピラリーカラムを用いるガスクロマトグラフ分析で最も広く使用されている。キャピラリーカラムでは充填カラムに比べて分析に必要な試料量が1/10程度であるが，マイクロシリンジによる試料の注入量はあまり減らすことができない。そこで，シリンジから注入された試料の一部をカラムに送るスプリット注入法が用いられる。

図に示すように，マイクロシリンジからガラスインサート（ライナー）中に注入された試料はキャリヤーガスにより押し出されてキャピラリーカラムに送られる部分とスプリッターから排出される部分に分かれる。スプリッターの流量調整バルブを絞るとカラムに送られる試料の量が多くなる。バルブを完全に閉じるとつぎのスプリットレス注入法になる。

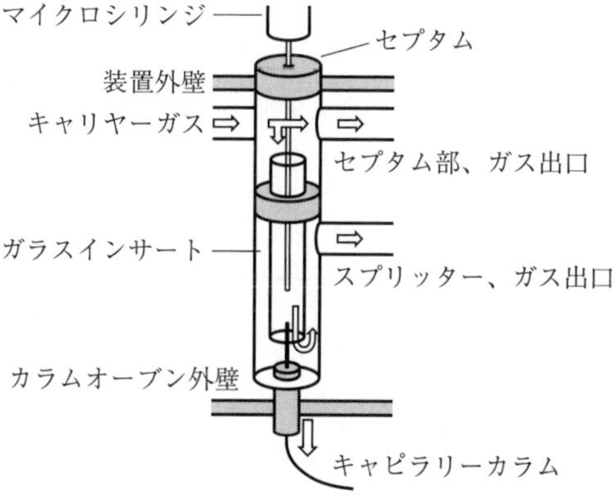

図　スプリット注入口

・スプリットレス注入法（非分割導入方式）　比較的低濃度の試料では分割せずに全量注入する。試料の拡散を抑えるため，内容積の小さいライナーが使われる。

・直接注入法（全量導入方式）　おもに大口径のキャピラリーカラムを使用する。試料負荷容量が大きく充填カラムに近い扱いができるため，大量に試料を注入したい場合に便利である。

・コールドオンカラム注入法（全量導入方式）　マイクロシリンジで試料を注入するとき，試料溶媒が気化しない温度に保った（コールドオン）注入口を通してカラムに直接試料を注入する方法である。直接カラムに試料を注入してから気化させるため，熱に対して不安定な試料の分析に有効である。

・温度プログラム気化法（PTV法）（全量導入方式。分割導入方式および非分割導入方式）　温度プログラムにより試料導入部の温度を任意に設定して成分を気化させてカラムに導入する。溶媒排出による試料の大量注入にも利用される。

充填カラム用試料導入部は，基本的に全量導入方式であり，シリンジを用いて気体および液体の試料を導入する場合とバルブ操作によって気体試料を導入する場合がある。バルブ操作による気体用試料導入部は，試料計量管，気体試料流路用ストップバルブおよびキャリヤーガス流路の切替バルブからなる。

以下から，選択肢 **1**，**2**，**3** は正しい。

選択肢 **4** は誤りである。コールドオンカラム注入法は，試料を溶媒が気化しない温度でカラムに直接導入し，その後気化させる方法である。

選択肢 **5** は正しい。ライナー中のガラスウールまたは石英ウールの役割は，試料の均一な気化を促すことと，試料中の気化しない成分を残す機能をもたせたり，吸着・分解を抑えて表面の活性点を抑える処理を付加する場合もある。

正解　**4**

問 4

イオンクロマトグラフ法による陰イオンの定量において，下図のクロマトグラムが得られたとき，「JIS K 0102 工場排水試験方法」で規定されている分離度 R を表す式として，正しいものを一つ選べ。ただし，第 1 ピークの保持時間（s）を t_{R1}，第 2 ピークの保持時間（s）を t_{R2}，第 1 ピークのピーク幅（s）を W_1，第 2 ピークのピーク幅（s）を W_2 とする。

1　$R=\dfrac{2\times(t_{R2}-t_{R1})}{W_1+W_2}$

2　$R=\dfrac{t_{R2}-t_{R1}}{W_1+W_2}$

3　$R=\dfrac{2\times(t_{R2}+t_{R1})}{W_1+W_2}$

4　$R=\dfrac{t_{R2}+t_{R1}}{W_1+W_2}$

5　$R=\dfrac{t_{R2}-t_{R1}}{2\times(W_1+W_2)}$

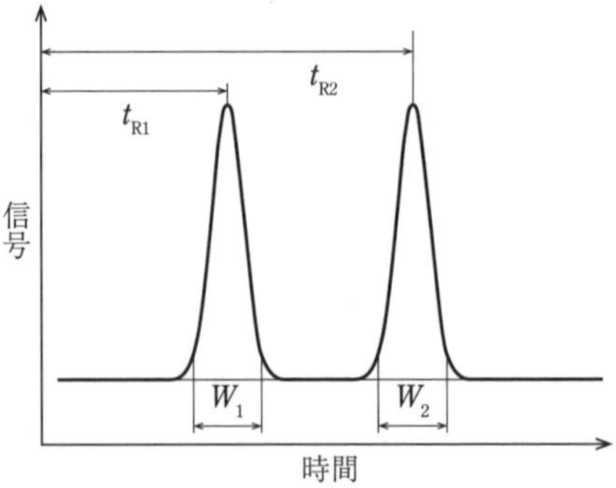

題意　イオンクロマトグラフィーの分離度の定義式に関する設問である。

解 説　「JIS K 0102 工場排水試験方法」の塩化物イオンのイオンクロマトグラフ法による定量の項（35.3 備考 8.）で分離度はつぎのように定義されている。

$$R=\frac{2\times(t_{R2}-t_{R1})}{W_1+W_2}$$

t_{R1}　：第 1 ピークの保持時間〔s〕

t_{R2}　：第 2 ピークの保持時間〔s〕

W_1　：第 1 ピークのピーク幅〔s〕

W_2　：第 2 ピークのピーク幅〔s〕

分離度 R は定期的に確認する必要があり，1.3 以上なければならない。溶離液を一定の流量で流し，クロマトグラムのピーク高さがほぼ同程度になるような濃度の陰イオン混合溶液を調製してクロマトグラムを作成する。

正 解　**1**

問 5

Lambert-Beer の法則において，他のパラメータが一定の場合，常に成り立つ関係として，正しいものを一つ選べ。

1　入射光の強度が 2 倍になると，吸光度は 2 分の 1 になる。

2　測定対象成分の濃度が 2 倍になると，透過率は 2 分の 1 になる。

3　透過率が 2 倍になると，吸光度は 2 倍になる。

4　モル吸光係数が 2 倍になると，同じ吸光度を得るために必要な光路長は 2 倍になる。

5　吸収セルの光路長が 2 倍になると，吸光度は 2 倍になる。

題 意　吸光光度分析法の Lambert-Beer の法則に関する設問である。

解 説　Lambert-Beer の法則は，物質に光を当てた際の入射した光の強さ I_0 と透過して出てきた光の強さ I の間の関係を表す式（1）で，吸光光度法の原理である（**図 1**）。

$$I=I_0 10^{-\varepsilon CL}\qquad(1)$$

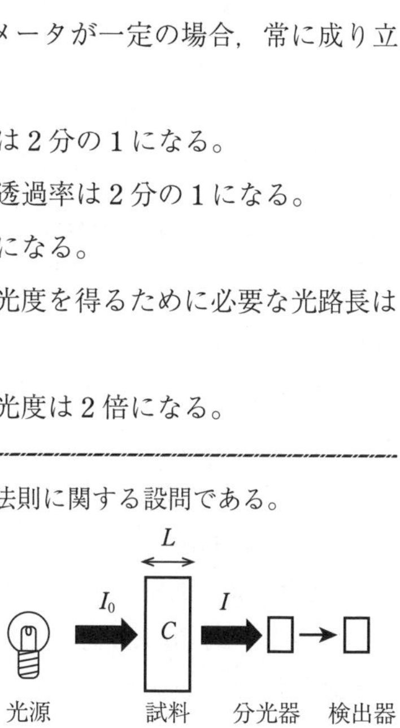

図　吸光光度分析法の模式図

ここで，I_0 は入射光の強さ，I は透過光の強さ，C は光を吸収する物質の濃度 L は透過する距離（セルの厚さ，光路長）である。ε は物質に固有の値をもつ定数で吸光係数と呼ばれる。

入射光に対する透過光の比率 I/I_0 を透過率 τ（タウ）と呼び，式 (1) より次式のように表される。

$$\tau = \frac{I}{I_0} = 10^{-\varepsilon CL} \tag{2}$$

式 (2) の対数をとって変形すると，吸光度 A に関する次式が得られる。

$$A = -\log\frac{I}{I_0} = -\log\tau = \varepsilon CL \tag{3}$$

図 2 は透過率 τ と濃度 C の関係，**図 3** は吸光度 A と濃度 C の関係を示す。

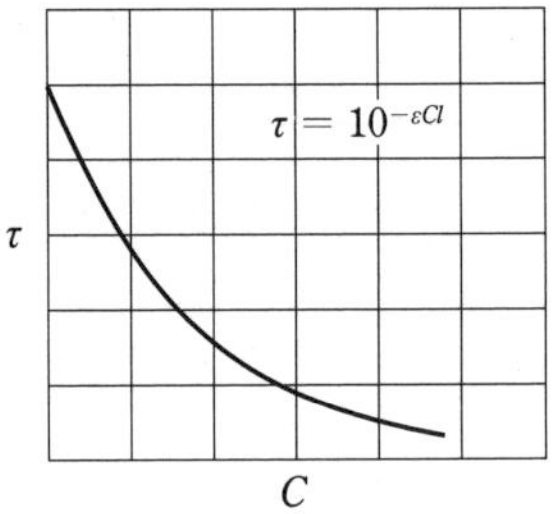

図 2　透過率と濃度の関係

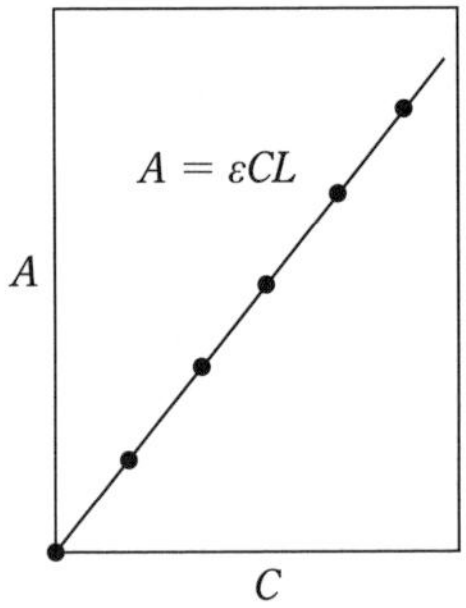

図 3　吸光度と濃度の関係

選択肢 **1** は誤りである。入射光の強度が 2 倍になると透過光の強度も 2 倍となり，I/I_0 は変わらないため，式 (3) より吸光度も変わらない。

選択肢 **2** は誤りである。式 (2) より濃度 C が 2 倍になると，透過率 τ は 10^{-2}，すなわち 1/100 になる。

選択肢 **3** は誤りである。式 (3) より透過率が 2 倍になると，吸光度は $-\log 2$ 減る。すなわち約 0.301 小さくなる。

選択肢 **4** は誤りである。モル吸光係数（濃度をモル濃度で表したときの吸光係数）が 2 倍になると，式 (3) より同じ吸光度を得るために必要な光路長 L は 1/2 になる。

選択肢 **5** は正しい。式 (3) より吸収セルの光路長 L が 2 倍になると，吸光度 A は 2 倍になる。

正 解　5

問 6

「JIS K 0093 工業用水・工場排水中のポリクロロビフェニル（PCB）試験方法」に規定されている試験方法に関して，次の記述の下線を付した（ア）～（ウ）の正誤の組合せとして，正しいものを一つ選べ。

試料に塩化ナトリウム及び内標準物質を添加した後，PCBをヘキサンで抽出し，脱水・濃縮する。濃縮液についてヘキサンを用いた(ア)シリカゲルによるカラムクロマトグラフ分離を行い，溶出液を再び濃縮し，これにペリレン $-d_{12}$ を添加し，一定量とする。その一定量を(イ)水素炎イオン化検出器付ガスクロマトグラフ（GC-FID）に導入し，(ウ)選択イオン検出法（SIM法）又は全イオン検出法（TIM法）を用いて定量する。

	（ア）	（イ）	（ウ）
1	正	正	正
2	正	正	誤
3	正	誤	正
4	誤	正	正
5	誤	誤	誤

題 意　排水中のポリクロロビフェニル（PCB）の試験方法に関する設問である。

解 説　ポリクロロビフェニル（PCB）はポリ塩化ビフェニル化合物（**図**）の総称で，水に溶けにくく沸点が高く化学的に安定した油状物質である。電気機器の絶縁油，熱交換器の熱媒体など工業的に幅広く使用されたが，強い毒性のために現在では生産，使用，輸入が禁止されている。塩素の数，位置により209の異性体があるが，特に毒性の高いコプラナーPCB（共平面構造）はダイオキシン類の一つとされている。

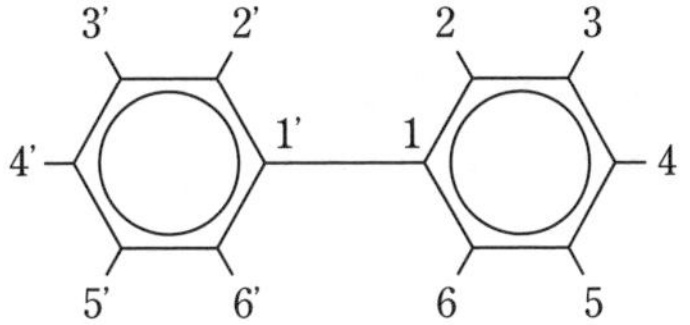

（2～6，2'～6' に塩素原子が入る）

図　PCBの構造

「JIS K 0093 工業用水・工場排水中のポリクロロビフェニル（PCB）試験方法」の対象はモノクロロビフェニル（塩素数 1）からデカクロロビフェニル（塩素数 10）までの混合体である。分析方法は検出器に電子捕獲検出器（ECD）を用いたガスクロマトグラフ法とガスクロマトグラフ質量分析法がある。この設問はガスクロマトグラフ質量分析法に関するものである。この方法は同一塩素数ごとの PCB の定量に適しており，これらを合計することによって総 PCB の量を求めることができる。

設問の（ア）はシリカゲル，（イ）はガスクロマトグラフ質量分析計（GC/MS），（ウ）は選択イオン検出法（SIM 法）であり，（ア）正，（イ）誤，（ウ）正となる。

ちなみに，最初に添加する内標準物質は ^{13}C 標識化 PCB を含む市販の混合溶液を希釈して調製する。ペリレン $-d_{12}$（重水素化ペリレン）は内標準物質の回収率の測定に際しての内標準である。

【正 解】 **3**

問 7

「JIS K 0116 発光分光分析通則」において，ICP 発光分光分析による定量法や補正法として記載されていないものを一つ選べ。

1　内標準法

2　標準添加法

3　同位体希釈分析法

4　分光干渉補正

5　バックグラウンド補正

【題 意】 ICP 発光分光分析における定量法，補正法に関する設問である。

【解 説】 ICP 発光分光分析では一定時間の積分によって得られた発光強度から，**表 1** に示す定量方法によって試料溶液中の測定対象元素の濃度を求める。

表1　元素の濃度を求める定量方法

検量線法	発光強度法	測定対象元素を含む標準液で，発光強度と濃度の関係線（検量線）を作成する。
	強度比法（内標準法）	測定対象元素と内標準物質を含む標準液で，発光強度比と濃度の関係線（検量線）を作成する。
標準添加法		試料溶液から4個以上の溶液を採取して，測定対象元素を含む標準液を濃度を変えて添加し，発光強度と濃度の関係線を作成する。

「JIS K 0116 発光分光分析通則」では ICP 発光分光分析における干渉として，**表2**に示すようなものを挙げている。

表2　ICP発光分光分析における干渉

分光干渉	他の元素の発光線による干渉	アルゴンまたは共存元素の発光線が測定対象元素と近接した波長をもつ場合に生じる。 干渉を受けない別の波長を選択することで，避けることができる。あるいは分光干渉補正を行う。
	分子バンドによる干渉	NO，OH，NH，CH などの分子バンドスペクトルによる。検量線作成溶液と試料溶液の酸の種類，濃度を一致させてバックグラウンド補正を行う。
	再結合によるバックグラウンドの増加	試料に高濃度で含まれる元素の発光によりバックグラウンドが増加する。バックグラウンド補正により除去する。
物理干渉		試料溶液の粘度，表面張力，密度の違いによるネブライザーの噴霧効率の変化による。液性をできるだけ一致させる。強度比法，標準添加法を用いる。
イオン化干渉		特にアルカリ金属，アルカリ土類金属などが多量に存在するとプラズマ内でのイオン化率が変化して起こる。横方向観察方式を用いて軽減する。
化学干渉		ICP の場合はプラズマの温度が高く，化合物がすぐに分解されるため，通常の分析条件ではほとんど問題にならない。

分光干渉は，干渉を受けない別の分析線を選択することで回避するが，これができない場合は必要に応じてつぎのような補正を行う。

・元素間干渉補正　　分光干渉を起こす共存元素の既知濃度の溶液を用いて，分析線に及ぼす影響を共存元素の発光強度または濃度の関数として求めておく。測定対象元素の測定の際に共存元素の濃度も同時に測定して，共存元素の影響を補正する。

・スペクトル分離による補正　　あらかじめ共存元素のスペクトルを測定しておき，測定対象元素のスペクトルと共存元素のスペクトルが重なった試料溶液のスペクトルから差し引いて補正する。

・バックグラウンド補正　　試料溶液の主成分によってバックグラウンドが変化して分析線の発光強度に影響を与える場合は，バックグラウンドの強度を差し引いて正味の発光強度を求める。

選択肢の中で，以上のようなICP発光分光分析における定量法と補正法に含まれていないのは，選択肢**3**の同位体希釈分析法である。同位体希釈分析法はICP質量分析法で用いられる定量法の一つで，測定対象元素の天然と異なる同位体組成をもつ濃縮同位体（スパイク）を試料に添加して，同位体組成の変化から濃度を求める方法である。試料とスパイクの同位体組成が正確にわかっている必要がある。

【正解】 **3**

問 8

「JIS K 0103 排ガス中の硫黄酸化物分析方法」に関する次の記述の中から，誤っているものを一つ選べ。

1　イオンクロマトグラフ法は，試料ガスに還元性ガスが高濃度に共存すると影響を受ける。

2　イオンクロマトグラフ法では，過酸化水素水を吸収液として用いる。

3　イオンクロマトグラフ法では，硫黄酸化物をチオ硫酸に変換して測定する。

4　沈殿滴定法では，アルセナゾⅢを指示薬として酢酸バリウム溶液で滴定する。

5　自動計測法の対象成分は，二酸化硫黄のみである。

【題意】 排ガス中の硫黄酸化物の分析法に関する設問である。

【解説】 「JIS K 0103 排ガス中の硫黄酸化物分析方法」では，化学分析法（対象成分：SO_2+SO_3）と自動計測法（対象成分：SO_2）が規定されている。

化学分析法は，試料ガス中の硫黄酸化物を過酸化水素水に吸収させて硫酸にした後，イオンクロマトグラフ法あるいは沈殿滴定法（アルセナゾⅢ法）で測定する。

自動計測法は「JIS B 7981 排ガス中の二酸化硫黄自動計測システム及び自動計測器」に規定されている方法による。JIS B 7981 では，溶液導電率方式，赤外線吸収方式，紫外線吸収方式，紫外線蛍光方式，干渉分光方式（FTIR）が規定されている。

選択肢 **1** は正しい。イオンクロマトグラフ法では，試料ガス中に硫化物などの還元性ガスが高濃度に共存すると影響を受けるので，その影響を無視または除去できる場合に適用する。

選択肢 **2** は正しい。イオンクロマトグラフ法では，吸収液として過酸化水素水（1＋99）または（1＋9）を用いる。沈殿滴定法では過酸化水素水（1＋9）が用いられる。

選択肢 **3** は誤りである。排ガス中の硫黄酸化物（SO_2 および SO_3）は過酸化水素水で硫酸イオン（SO_4^{2-}）に酸化されて吸収液に溶け込む。

選択肢 **4** は正しい。硫酸イオンとバリウムイオンが反応して水に難溶性の硫酸バリウムが沈殿する。試料溶液にアルセナゾⅢを加えて酢酸バリウム溶液で滴定し，液の青い色が 1 分間継続した点を終点とする。

選択肢 **5** は正しい。化学分析法は二酸化硫黄と三酸化硫黄の総量を SO_2 として求めるが，自動計測法は二酸化硫黄のみを対象とする。

【正 解】 **3**

問 9

「JIS K 0121 原子吸光分析通則」に規定されている，バックグラウンド補正法に関する次の記述の［(ア)］～［(ウ)］に入る語句の組合せとして，正しいものを一つ選べ。

自己反転補正方式は，［(ア)］に通常の電流を流した時の吸光度と，［(イ)］を流して自己吸収の結果として得られた吸光度との［(ウ)］によって，試料由来の原子吸光を得る方式である。

	(ア)	(イ)	(ウ)
1	中空陰極ランプ	高電流	差
2	重水素ランプ	低電流	和
3	重水素ランプ	低電流	差

4　中空陰極ランプ　低電流　和

5　重水素ランプ　高電流　差

【題 意】 原子吸光分析法におけるバックグランド補正に関する設問である。

【解 説】 「JIS K 0121 原子吸光分析通則」ではバックグラウンド補正方式として，連続スペクトル光源補正方式，ゼーマン分裂補正方式，非共鳴近接線補正方式および**図**に示す自己反転補正方式の4種類を挙げている。このうち，自己反転補正方式は，測定に用いる中空陰極ランプに高電流を流して生じる自己反転現象を利用する。

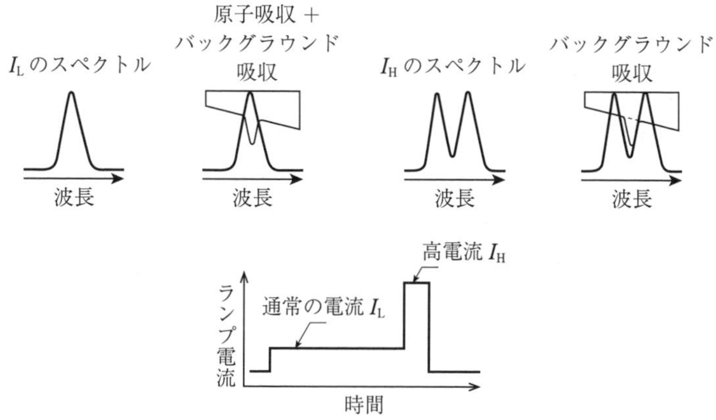

図　自己反転方式の原理

通常の電流 I_L を流したときは，通常の原子吸収とバックグラウンド吸収の合わさったものが測定される。一方，高電流 I_H を流すとランプから放出される共鳴線のスペクトルは自己吸収を起こし，本来原子吸光が起こる中心付近の光が弱く，その周りが強い，やや広がったスペクトルとなる。この状態ではおもにバックグラウンド吸収が測定される。通常電流の測定結果と高電流での測定結果の差よりバックグラウンド吸収が取り除かれ原子吸収部分だけが得られる。

設問の（ア）は中空陰極ランプ，（イ）は高電流，（ウ）は差であり，選択肢**1**が正しい。

ちなみに，重水素ランプは連続スペクトル光源補正方式で用いられる光源である。

【正 解】 **1**

問 10

「JIS K 0104 排ガス中の窒素酸化物分析方法」に規定されている，イオンクロマトグラフ法に関する次の記述の (ア) ～ (ウ) に入る語句の組合せとして，正しいものを一つ選べ。

排ガス中の窒素酸化物を (ア) で酸化し， (イ) に吸収させて， (ウ) として定量する。

	(ア)	(イ)	(ウ)
1	オゾン又は酸素	アルカリ性過酸化水素水 －ぎ酸ナトリウム溶液	亜硝酸イオン
2	過酸化水素	0.005 mol/L 硫酸 －過酸化水素水（1＋99）	硝酸イオン
3	過酸化水素	アルカリ性過酸化水素水 －ぎ酸ナトリウム溶液	亜硝酸イオン
4	オゾン又は酸素	アルカリ性過酸化水素水 －ぎ酸ナトリウム溶液	硝酸イオン
5	オゾン又は酸素	0.005 mol/L 硫酸 －過酸化水素水（1＋99）	硝酸イオン

題 意　排ガス中窒素酸化物のイオンクロマトグラフ法による分析手順に関する設問である。

解 説　「JIS K 0104 排ガス中の窒素酸化物分析方法」では，**表**に示す化学分析法と自動計測法（JIS B 7982 に規定）が規定されている。

イオンクロマトグラフ法では，排ガス中の窒素酸化物をオゾンまたは酸素で酸化し，硫酸（0.005 mol/L）－過酸化水素水（1＋99）に吸収させ，硝酸イオンとして定量する。設問の（ア）はオゾンまたは酸素，（イ）は 0.005 mol/L 硫酸-過酸化水素水（1＋99），（ウ）は硝酸イオンである。

表　「JIS K 0104 排ガス中の窒素酸化物分析方法」で規定されている化学分析法

分析方法	分析方法の概要
亜鉛還元ナフチルエチレンジアミン吸光光度法（Zn-NEDA 法）	（要旨）　試料ガス中の窒素酸化物をオゾンで酸化し，吸収液に吸収させて硝酸イオンとする。亜鉛粉末で亜硝酸イオンに還元した後，スルファニルアミドおよびナフチルエチレンジアミン二塩酸塩溶液を加えて発色させ，吸光度（545 nm）を測定する。 （試料採取方法）　真空フラスコ法または注射筒法 吸収液：硫酸（0.005 mol/L）
ナフチルエチレンジアミン法（NEDA 法）	（要旨）　試料ガス中の窒素酸化物をアルカリ吸収液に吸収させて亜硝酸イオンとし，スルファニルアミドおよびナフチルエチレンジアミン二塩酸塩溶液を加えて発色させ，吸光度（545 nm）を測定する。 （試料採取方法）　真空フラスコ法または注射筒法 吸収液：アルカリ性過酸化水素水 − ぎ酸ナトリウム溶液
イオンクロマトグラフ法	（要旨）　試料ガス中の窒素酸化物をオゾンまたは酸素で酸化し，吸収液に吸収させて硝酸イオンとする。イオンクロマトグラフに導入してクロマトグラムを記録する。 （試料採取方法）　真空フラスコ法または注射筒法 吸収液：硫酸（0.005 mol/L）− 過酸化水素水（1 + 99）
フェノールジスルホン酸吸光光度法（PDS 法）	（要旨）　試料ガス中の窒素酸化物をオゾンまたは酸素で酸化し，吸収液に吸収させて硝酸イオンとする。フェノールジスルホン酸を加えて発色させ，吸光度（400 nm）を測定する。 （試料採取方法）　真空フラスコ法または注射筒法 吸収液：硫酸（0.005 mol/L）− 過酸化水素水（1 + 99）
ザルツマン吸光光度法	（要旨）　試料ガス中の二酸化窒素を吸収発色液に通して発色させ，吸光度（545 nm）を測定する。 （試料採取方法）　吸収瓶法 吸収発色液：スルファニル酸 − ナフチルエチレンジアミン酢酸溶液

正 解　**5**

問 11

「JIS B 7983 排ガス中の酸素自動計測器」に規定されている計測器に関して，次の記述の中から誤っているものを一つ選べ。

1　磁気式の計測器には，磁気風方式と磁気力方式がある。

2　試料採取部の構成要素としては，採取管，粗フィルタ，導管，微フィルタなどがある。

3　ゼロドリフトとは，「計測器の最小目盛に対する指示値のある期間内の変動」のことである。

4　干渉成分の影響について試験を行う際の試験用ガスは，磁気風方式とジルコニア方式のどちらの計測器とも同一組成のものを用いる。

5　ジルコニア方式は，電気化学式の一方式である。

題 意　排ガス中の酸素の自動計測における計測器に関する設問である。

解 説　「JIS B 7983：2006 排ガス中の酸素自動計測器」では**表**に示す方式が規定されている。

表　「JIS B 7983：2006 排ガス中の酸素自動計測器」で規定されている方式

(1) 磁気式	(1-1) 磁気風方式	
	(1-2) 磁気力方式	a) ダンベル形
		b) 圧力検出形
(2) 電気化学式	(2-1) ジルコニア方式	
	(2-2) 電極式	

(1)　磁気式は，酸素分子の常磁性（磁石に引き寄せられる性質）を利用して酸素濃度を測定する方法であり，磁気風方式と磁気力方式がある。

(1-1)　磁気風方式　　磁界内で吸引された酸素分子の一部が加熱されて，磁性を失うことによって生じる磁気風の強さを熱線素子によって検出する。

(1-2)　磁気力方式

a)　ダンベル形　　ダンベル内に封入されたガス（窒素または空気）と試料ガス中の酸素との磁化の強さの差によって生じるダンベルの偏位量を検出する。

b)　圧力検出形　　周期的に断続する磁界内において，酸素分子に働く断続的な吸引力を，磁界内に一定流量で流入する補助ガスの背圧変化量として検出する。

(2)　電気化学式

(2-1)　ジルコニア方式　　高温に加熱されたジルコニア素子の両端に電極を設け，その一方に試料ガス，他方に空気を流して酸素濃度差を与えて電極間に生じる起電力を検出する。

(2-2)　電極方式　　ガス透過性隔膜を通して電解槽中に拡散吸収された酸素が固体電極表面上で還元される際に生じる電解電流を検出する。この方式には，外部から還元電位を与える定電位電解形およびポーラログラフ形と電池反応で発生する電解電流を測定するガルバニ電池形がある。

以上より，選択肢 **1** は正しい。

選択肢 **2** は正しい。試料採取部は，試料ガス中のダストを除去し，必要に応じて水分の量を一定に保ちながら，試料ガスを連続的に一定量で分析計に供給するものである。採取管，粗フィルタ，導管，除湿器，微フィルタ，吸引ポンプまたはアスピレータなどの試料ガス吸引装置，流量計，切替弁，絞り弁，校正用ガス導入口などからなる。**図 1** に計測器の構成例の一例を示す。

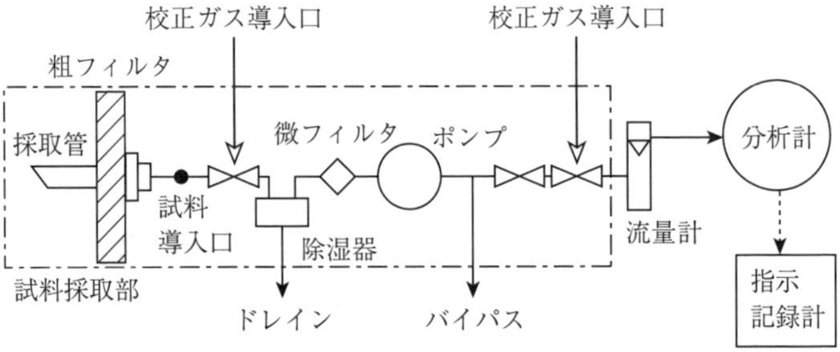

図 1　計測器の構成例（乾式サンプリングの一例）

選択肢 **3** は正しい。この文章は規格の定義のとおりである。

選択肢 **4** は誤りである。干渉成分の影響を試験するには，ゼロ調整およびスパン調整を行った後，干渉影響試験用ガスを導入してその指示値（ジルコニア方式では干渉値）を調べる。磁気風方式，磁気力方式，電極方式の場合は二酸化炭素 10 %窒素バランスおよび一酸化窒素 0.1 %窒素バランス，ジルコニア方式の場合は一酸化炭素 0.1 %，酸素 4 %，窒素バランスである。

選択肢 **5** は正しい。ジルコニア（二酸化ジルコニウム）は高温で酸素イオン（O_2^-）を透過する性質があり，片側に試料ガス，他方に比較ガス（空気など）を流すと電極間に起電力が発生する。**図 2** にジルコニア方式の原理図を示す。

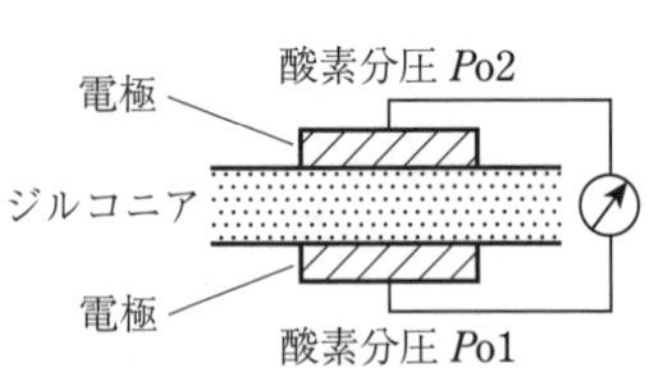

図 2　ジルコニア方式

【正　解】 **4**

問 12

H 形の陽イオン交換樹脂 0.50 g（乾燥質量）をカラムに詰めた。そこに NaCl 水溶液を十分に流して H^+ をすべて溶出させた。この溶出液の全量を 0.20 mol/L の NaOH 水溶液で滴定したところ，中和するのに 5.0 mL を要した。このとき，単位質量あたりの樹脂が保持していた H^+ の物質量として，最も近いものを次の中から一つ選べ。

1　0.20 mmol/g

2　0.50 mmol/g

3　1.0 mmol/g

4　2.0 mmol/g

5　4.0 mmol/g

題意　イオン交換樹脂のイオン交換容量に関する計算問題である。

解説　単位質量当りの樹脂が保持していた H^+ の物質量を x として，つぎのように関係式を立てる。

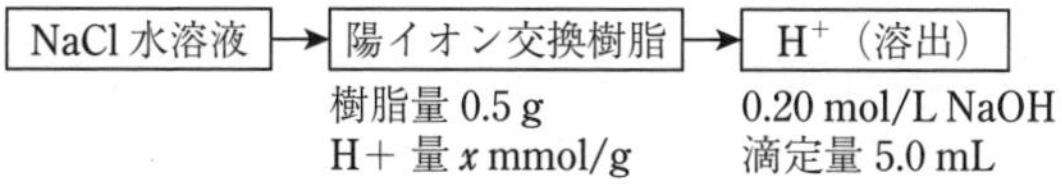

①　陽イオン交換樹脂が保持していた H^+ 量

$$x \times 0.5\ 〔\mathrm{mmol}〕 \qquad (1)$$

②　中和に要した OH^- の量

$$0.20 \times 5.0/1\,000\ 〔\mathrm{mol}〕 \qquad (2)$$

③　式 (1) と式 (2) は等量なので

$$x \times 0.5 = 0.20 \times 5.0$$

$$x = 0.20 \times 5.0/0.5$$

$$= 2.0\ 〔\mathrm{mmol/g}〕$$

正解　**4**

問 13

「JIS K 0095 排ガス試料採取方法」に規定されている連続分析のための前処理部での除湿に関して，次の記述の中から誤っているものを一つ選べ。

1　試料ガス中の湿度，分析計の特性，要求測定精度などに応じて除湿器を選択する。

2　複数の方式の除湿器を組み合わせて用いてもよい。

3　水冷式の除湿器において，冷却温度は規定されていない。

4　水分による干渉を受ける分析計では，自然空冷式の除湿器を用いる。

5　気液分離器は，凝縮水を試料ガスから速やかに分離させるためのものである。

【題 意】　排ガス試料採取の連続分析で用いられる前処理部の除湿に関する設問である。

【解 説】　「JIS K 0095 排ガス試料採取方法」に規定されている連続分析のための前処理部は，除湿器，気液分離器などからなる。

除湿器は，計測器内部に試料ガス中の水分が凝縮しない程度に除湿を行うもので，この規格では除湿方式は自然空冷式，強制空冷式，水冷式，電子冷却式および半透膜気相除湿方式とされる。**図**に除湿方式の例を示す。

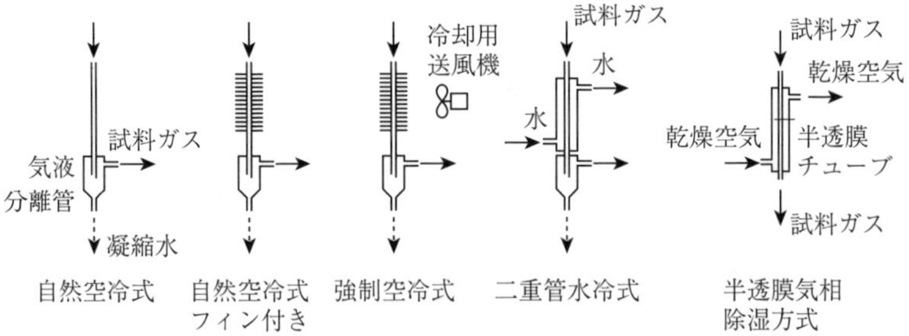

図　除湿方式の例

選択肢 **1** は正しい。試料ガス中の湿度，分析計の特性，要求測定精度などに応じて，これらの方法のいずれかを単独または組み合わせて用いる。水分による干渉を受ける分析計では，前処理部を出たガスの露点を一定に保持する電子冷却式を用いる。水分による干渉を受けない分析計では，いずれを用いてもよい。ただし半透膜式の場合は，除湿器内に凝縮水が流入しないように除湿器の前段に気液分離管を設置する。

除湿能力が不足すると考えられる場合または分析対象成分が水溶性のため一段冷却では溶解損失が大きい場合には，前段に自然空冷式，強制空冷式，水冷式などを組み合わせる。

選択肢 **2** は正しい。除湿器は組み合わせて使用してもよい。

選択肢 **3** は正しい。水冷式の除湿器において，冷却温度は規定されていない。

選択肢 **4** は誤りである。上記のように，水分による干渉を受ける分析計では電子冷却式の除湿器を用いる。

選択肢 **5** は正しい。気液分離器は，冷却除湿によって排出された凝縮水を試料ガスから速やかに分離させるためのものである。

正 解　**4**

問 14

「JIS B 7989 排ガス中の揮発性有機化合物（VOC）の自動計測器による測定方法」に規定されている測定方法に関する次の記述について，下線を付した（ア）～（ウ）の正誤の組合せとして，正しいものを一つ選べ。

(ア)排出口から排ガスを容器に(イ)吸引採取した後に，容器中の試料ガスを計測器に導入して VOC 濃度を測定する方法で，容器に(ウ)捕集バッグを用いる。試料ガス中の VOC 濃度が計測器の測定範囲を超える場合は，測定範囲内の濃度となるように希釈した後に，測定する。

	（ア）	（イ）	（ウ）
1	誤	誤	誤
2	誤	正	正
3	正	誤	正
4	正	正	誤
5	正	正	正

題 意　排ガス中の揮発性有機化合物（VOC）の自動計測による測定方法に関する

設問である。

解 説　この規格における揮発性有機化合物（VOC）は「各種製造工程などから排出されるガス中の揮発性有機化合物」を意味し，排出口でガス状の有機化合物のうち大気汚染防止法施行規則で除外物質と指定された物質を除いた有機化合物の総称である。規制規則の除外物質とは，メタン，クロロジフルオロメタン，2-クロロ -1,1,1,2-テトラフルオロエタン，1,1-ジクロロ -1-フルオロエタン，1-クロロ-1,1-ジフルオロエタン，3,3-ジクロロ-1,1,1,2,2-ペンタフルオロプロパン，1,3-ジクロロ-1,1,2,2,3-ペンタフルオロプロパン，1,1,1,2,3,4,4,5,5,5-デカフルオロペンタンである。

試料ガス採取は捕集バッグを用いる。計測器の測定原理は触媒酸化-非分散形赤外線吸収方式（NDIR）および水素炎イオン化検出方式（FID）に基づくものである。試料採取装置の一例を**図**に示す。

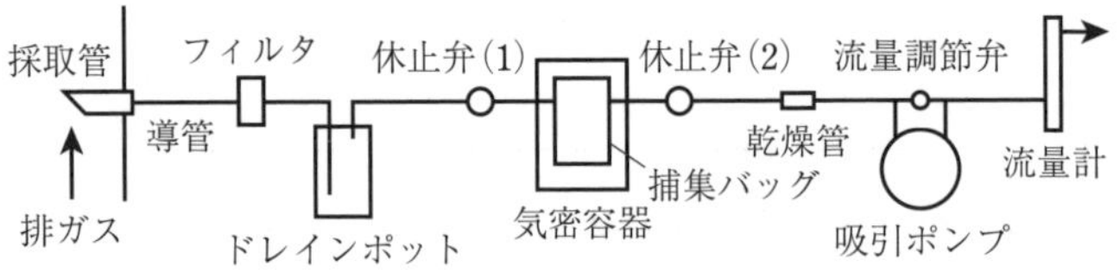

図　排ガス試料採取装置の一例

設問の文章は「4. 測定方法の概要」のものである。（ア）は正しい。（イ）は正しい。（ウ）は正しい。

正 解　**5**

問 15

「JIS K 0055 ガス分析装置校正方法通則」に規定されている校正用ガスを用いた分析装置の校正に関して，次の記述の中から正しいものを一つ選べ。

1　校正用ガスは，スパンガス，中間点ガスのみを指す。

2　スパンガスは，分析装置の所定の測定レンジの，最大目盛付近の目盛値を校正するために用いる。

3　中間点ガスは，校正用ガスを調製する際に，目的成分ガスをある濃度に希釈するために用いる。

4 高純度物質から一定濃度の校正用ガスを連続的に発生させる方法には，拡散デニューダ法と蒸気圧法がある。

5 校正用ガスを分析装置に導入するための配管接続は，できる限り長くする。

【題 意】 ガス分析装置の校正用ガスに関する設問である。

【解 説】 濃度計は測定標準を用いて目盛の表示値あるいは装置からの出力値を校正する。ガス分析装置の場合は，校正用ガスを用いて行う。選択肢 **1** ～ **3** は，校正用ガスに関する設問である。

選択肢 **1** は誤りである。校正用ガスはゼロガス，スパンガス，中間点ガスからなり，ゼロガスが抜けている。ゼロガスは，分析装置の最小目盛値を校正するために用いる校正用ガスである。

選択肢 **2** は正しい。スパンガスは，分析装置の指定の測定段階（レンジ）の最大目盛付近の目盛値を校正するために用いる校正用ガスである。

選択肢 **3** は誤りである。中間点ガスは，最小目盛と最大目盛の間の目盛値を校正するために用いられる校正用ガスである。

選択肢 **4** は，誤りである。校正用ガスはあらかじめ調製されて容器に詰められたもの（容器詰め校正用ガス）を用いるか，校正用ガス調製装置を用いて調製する。校正用ガスの調製方法には，質量比混合法，固定容器による調製方法，校正ガス調製装置による調製方法がある。校正ガス調製装置による調製方法には流量比混合法，パーミエーションチューブ法，蒸気圧法がある。デニューダーは，大気中のガス状物質と粒子状物質との拡散速度の差を利用して，ガス状物質を選択的に捕集する器具であり校正用ガスの調製には用いられない。

選択肢 **5** は誤りである。校正を行う際の分析装置の設置において配管はできる限り短く，かつ，遊び空間ができないように接続する。

【正 解】 **2**

問 16

「JIS K 0303 排ガス中のホルムアルデヒド分析方法」に規定されている，ホルムアルデヒド標準液の濃度の求め方に関する次の記述の［(ア)］〜［(ウ)］に入る語句の組合せとして，正しいものを一つ選べ。

ホルムアルデヒド標準液（1 mg/mL）10 mL を共通すり合わせ三角フラスコ 200 mL にとり，0.05 mol/L よう素溶液 10 mL 及び［(ア)］溶液（1 mol/L）5 mL を加え，15 分間室温に放置する。［(イ)］（1 mol/L）8 mL を加え，残留しているよう素を直ちに 0.1 mol/L チオ硫酸ナトリウム溶液で滴定し，溶液が［(ウ)］色になってから，でんぷん溶液（5 g/L）1 mL を指示薬として加え，更に滴定する。別に水 10 mL を用いて空試験を行う。

	(ア)	(イ)	(ウ)
1	水酸化カリウム	硫酸	淡黄
2	水酸化カリウム	アスコルビン酸溶液	青紫
3	水酸化カリウム	アスコルビン酸溶液	淡黄
4	過酸化水素	アスコルビン酸溶液	青紫
5	過酸化水素	硫酸	淡黄

題 意　排ガス中のホルムアルデヒド分析方法におけるホルムアルデヒド標準液の濃度の求め方に関する設問である。

解 説　ホルムアルデヒド（CH_2O）は常温で刺激臭のある気体で，吸入すると眼・鼻・呼吸器が刺激され，くしゃみ，咳，よだれ，涙が出，頭痛やめまい，吐き気などの健康被害が起こる。さらに高濃度になると呼吸困難や肺浮腫などを起こす場合がある。

この規格は，合成樹脂などの製造工程，メタノールなどの燃焼，その他の化学反応，またはホルムアルデヒドを使用もしくは発生する作業工程などにおいて，煙道，煙突，ダクトなどに排出する排ガス中のホルムアルデヒドを分析する方法について規定しており，**表**に示す分析方法が規定されている。

表　「JIS K 0303 排ガス中のホルムアルデヒド分析方法」で規定されている分析方法

分析方法	試料採取	測定方法	定量範囲〔vol ppm〕（〔mg/m^3〕）
AHMT 吸光光度法	吸収瓶： ほう酸溶液	塩基性で AHMT で発色	0.4 ～ 75 （0.5 ～ 100）
ガスクロマトグラフ（GC）法 DNPH 吸収瓶捕集法	吸収瓶： DNPH 塩酸溶液	クロロホルムなどで抽出，GC 分析	0.4 ～ 56 （0.5 ～ 75）
ガスクロマトグラフ（GC）法 DNPH カートリッジ捕集法	カートリッジ捕集	DNPH 溶液含浸捕集剤を詰めたカートリッジで捕集，アセトニトリル溶離，クロロホルム再溶解，GC 分析	0.4 ～ 45 （0.5 ～ 60）
高速液体クロマトグラフ（HPLC）法 DNPH 吸収瓶捕集法	吸収瓶： DNPH 塩酸溶液	クロロホルムなどで抽出，アセトニトリルで再抽出，HPLC 分析	0.2 ～ 56 （0.3 ～ 75）
高速液体クロマトグラフ（HPLC）法 DNPH カートリッジ捕集法	カートリッジ捕集	DNPH 溶液含浸捕集剤を詰めたカートリッジで捕集，アセトニトリル溶離，HPLC 分析	0.2 ～ 45 （0.3 ～ 60）
高速液体クロマトグラフ（HPLC）法 CEBHA カートリッジ捕集法	カートリッジ捕集	CEBHA 溶液含浸捕集剤を詰めたカートリッジで捕集，アセトニトリル溶離，HPLC 分析	0.2 ～ 45 （0.3 ～ 60）
AHMT 自動分析法	吸収瓶： 水酸化カリウム溶液	AHMT 吸光光度法の自動計測器で周期的に自動分析	0 ～ 20 （0 ～ 27）

このほかにイオンクロマトグラフ法（付属書 A），クロモトロープ酸吸光光度法（付属書 B），検知管法（付属書 C）がある。
AHMT：4-アミノ-3-ヒドラジノ-5-メルカプト-1,2,4-トリアゾール
DNPH：2,4-ジニトロフェニルヒドラジン
CEBHA：*O*-(4-シアノ-2-エトキシベンジル）ヒドロキシルアミン

この設問は，ホルムアルデヒド液（ホルマリン）を水に溶かして調製したホルムアルデヒド標準液の濃度を求める方法に関するものである。ホルムアルデヒド標準液によう素溶液を加えてよう素を消費させ，チオ硫酸ナトリウム溶液で残留しているよう素量を滴定する。別に等量の水で空試験を行い，この差からホルムアルデヒドの量が計算できる。

設問の（ア）は水酸化カリウム，（イ）は硫酸，（ウ）は淡黄であり，この組合せは選択肢**1**である。

【正 解】 **1**

問 17

公定法で試験法が規定されている試験対象と，その試験法で使用される試料容器の材質との組合せとして，誤っているものを一つ選べ。

	公定法で試験法が規定されている試験対象	試料容器の材質
1	用水・排水中の揮発性有機化合物（JIS K 0125）	ガラス
2	工業用水・工場排水中の PCB（JIS K 0093）	ガラス
3	工業用水・工場排水中のダイオキシン類（JIS K 0312）	ガラス
4	公共用水域のアルキル水銀（環告第 59 号）	硬質ポリエチレン
5	排水中のノルマルヘキサン抽出物質（環告第 64 号）	ポリエチレン

【題 意】 試験対象物質と試料容器の材質に関する設問である。

【解 説】 設問の試験対象と試料容器の材質は**表**に示すとおりである。

表より，選択肢**1**～**4**は正しく，選択肢**5**は誤りである，

表　試験対象と試料容器の材質

試験対象	規格	試料容器の材質
用水・排水中の揮発性有機化合物	JIS K 0125	ガラス製ねじ蓋付き容器。ねじ蓋は四ふっ化エチレン樹脂フィルム（または同等の材質のもの）で内張りしたもの
工業用水・工場排水中の PCB	JIS K 0093	共栓付きポリエチレン瓶および無色共栓ガラス瓶
工業用水・工場排水中のダイオキシン類	JIS K 0312	ガラス製で使用前にメタノール（またはアセトン）およびトルエン（またはジクロロメタン）でよく洗浄したもの
公共用水域のアルキル水銀	環境庁告示第 59 号	ガラス瓶または硬質ポリエチレン瓶。あらかじめ硝酸でよく洗浄した後，水洗しておく
排水中のノルマルヘキサン抽出物質	環境庁告示第 64 号	容量 1 ～ 5 L の共栓付き広口ガラス瓶またはガラス製共栓付き広口三角フラスコで，あらかじめヘキサンでよく洗っておいたもの

正解 **5**

問 18

ある成分の濃度が 1 000 mg/L である標準液 1 mL を全量ピペットで採取し，全量フラスコを用いて水で 100 mL に希釈した。このとき，希釈後の標準液の濃度（10 mg/L）について，最も大きな寄与を持つ不確かさの要因を次の中から一つ選べ。ただし，次の **1** ～ **5** 以外の要因は無視できるものとする。

1　希釈前の標準液の濃度（1 000 mg/L）。ただし，その拡張不確かさ（$k=2$）は 6 mg/L とする。

2　全量ピペットの容積（1 mL）。ただし，その標準不確かさは 0.004 mL とする。

3　全量フラスコの容積（100 mL）。ただし，その標準不確かさは 0.04 mL とする。

4　分析者の希釈操作に伴う調製濃度のばらつき。ただし，その分析者が同じ希釈操作を繰り返したときの調製濃度のばらつきは，標準偏差の相対値で 0.1% とする。

5　希釈に使用した水に含まれている対象成分。ただし，その濃度は 0.17 μg/L 以下とする。

題意　不確かさの計算問題である。

解説　図は設問の実験操作と選択肢の条件から作成した標準液の希釈に関する特性要因図である。図中の数字は選択肢の番号である。各選択肢の不確かさの要因の大きさを計算する。

(1)　希釈前の標準液の濃度　　標準液の濃度の不確かさは，選択肢 **1** に記載されている拡張不確かさを包含係数 2 で割って 3 mg/L である。濃度が 1 000 mg/L であるので相対値は 3/1 000，すなわち 0.003 となる。

(2)　全量ピペットの容量　　全量ピペットの容量は 1 mL で標準不確かさが 0.004 mL であるので，相対値は 0.004/1，すなわち 0.004 である。

(3)　全量フラスコの容量　　全量フラスコの容量は 100 mL で標準不確かさが 0.04

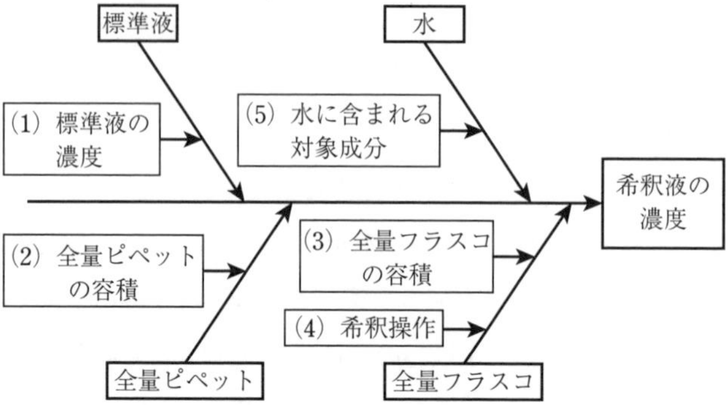

図 標準液の希釈に関する特性要因図

mL であるので，相対値は 0.04/100，すなわち 0.000 4 である。

(4) 希釈操作　希釈操作に伴う調製濃度の相対不確かさは選択肢 **4** より 0.1%，すなわち 0.001 である。

(5) 水に含まれる対象成分の濃度　水に含まれる成分の濃度は 0.17 μg/L (0.17/1 000 mg/L) 以下であり，99 mL (約 100 mL) 使用する。希釈液の濃度が 1 000/100 = 10 mg/L であるので，これに伴う相対不確かさは 0.17/1 000 × 100/10 = 0.000 17 となる。

以上より，最も大きいものは (2) の 0.004 であり，これは選択肢 **2** である。

【正 解】 **2**

問 19

流れ分析に関する次の記述の中から，誤っているものを一つ選べ。

1 流れ分析は，「JIS K 0102 工場排水試験方法」において，有機物と無機物の両方の分析で採用されている。

2 フローインジェクション分析は，細管内の流れを気体で分節することで，試料と試薬とを効率よく混合することを特徴とする。

3 連続流れ分析では，送液部にペリスタルティック (ペリスタ形) ポンプを用いることができる。

4 フローインジェクション分析では，吸光度以外を測定する検出器も用いることができる。

5　連続流れ分析では，分析対象成分に相当する応答曲線のピーク高さを用いて定量を行うことができる。

【題意】流れ分析に関する設問である。

【解説】流れ分析は，流れ中での反応を利用して無機物および有機物を定量する操作・技術であり，「JIS K 0102 工場排水試験方法」では2013年の改正で導入された。有機物ではアンモニウムイオン，フェノール類，陰イオン界面活性剤，シアン化合物に対して，また無機物では亜硝酸イオンおよび硝酸イオン，全窒素，りん化合物および全りん，ふっ素化合物，クロム（Ⅳ）の分析において流れ分析法が利用されている。具体的な試験操作などは，それぞれ対応するJIS K 0170-1～9の「流れ分析法による水質測定方法　第1部～第9部」に規定されている。

流れ分析に関しては「JIS K 0126 連続流れ分析通則」があり，2019年版ではフローインジェクション分析FIA（fow injection analysis），連続流れ分析CFA（continuous flow analysis），シーケンシャルインジェクション分析SIA（sequential injection analysis）の3方法が規定されているが，JIS K 0170-1～9ではシーケンシャルインジェクション法は記載されていない。

・フローインジェクション分析FIA　　細いチューブ内の試薬溶液（あるいは試料）の流れの中に少量の試料（あるいは試薬溶液）を導入し，反応させ，下流に設置した検出器で分析成分を検出，定量する（**図1**）。

・連続流れ分析CFA　　細いチューブ内の試薬溶液（あるいは試料）の流れの中に気体を導入して分節した後，試料（あるいは試薬溶液）を導入し，反応させ，下流に設置した検出器で分析成分を検出，定量する（**図2**）。

フローインジェクション分析は細管内で試料ゾーンが前後の試薬溶液と拡散で混合していくが，連続流れ分析では試料と試薬は気体で分節したセル内の撹拌で混合する。

選択肢**1**は正しい。JIS K 0102では吸光光度法による分析法に適用されている。

選択肢**2**は誤りである。気体による分節を利用するのは連続流れ分析である。

選択肢**3**は正しい。送液部には，定量精度が高い，脈流が小さい，接液部の材質が耐薬品性および腐食性に優れているポンプ，ダンパーなどで構成する。

選択肢**4**は正しい。検出部では，分光光度検出器，蛍光検出器，化学発光検出器，

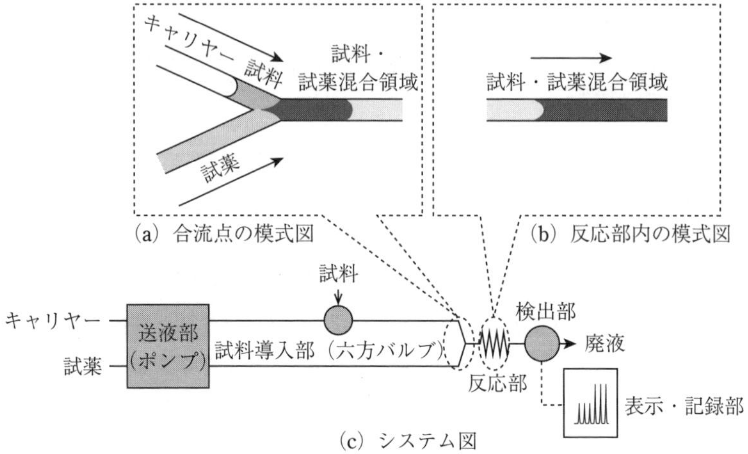

図 1　フローインジェクション分析の説明図

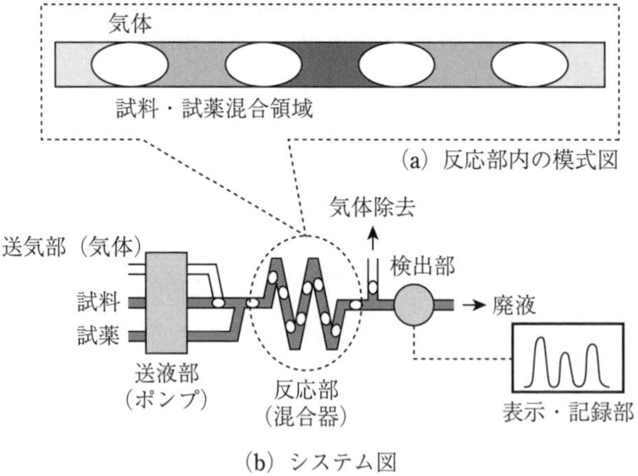

図 2　フローインジェクション分析の説明図

電気化学検出器（電位差検出器，電流検出器など），原子吸光分析計，誘導結合プラズマ発光分光分析計，誘導結合プラズマ質量分析計などの検出器が使用できる。

選択肢 **5** は正しい。フローインジェクション分析ではピーク高さまたはピーク面積のいずれかを測定し検量線によって定量を行う。連続流れ分析では，ピーク高さを測定し，検量線によって定量を行う。

正解　**2**

問 20

「JIS K 0050 化学分析方法通則」に従って硝酸（1＋10）を調製する手順として，次の記述の中から正しいものを一つ選べ。

1　硝酸（質量分率60％～61％）10 g に純水を加えて総質量を100 g とした。

2　硝酸（質量分率60％～61％）10 mL と純水100 mL を混合した。

3　硝酸（質量分率69％～70％）10 g に純水を加えて総質量を100 g とした。

4　硝酸（質量分率69％～70％）10 mL と純水100 mL を混合した。

5　硝酸（質量分率69％～70％）10 g と純水100 g を混合した。

題意　濃度の計算問題である。

解説　「JIS K 0050 化学分析方法通則」の「4　量及び単位」f）で「表1に示す試薬の体積 a と水の体積 b を混合した場合，“試薬名（a＋b）”または“化学式（a＋b）”と表示してもよい」とあり，この表の中で硝酸は純度または濃度％（質量分率）60～61のものが指定されている。通常市販されている濃硝酸は60～61％か69～70％である。

これに適合する硝酸の濃度は選択肢**1**と**2**であり，体積で混合しているのは選択肢**2**である。

正解　**2**

問 21

「JIS K 0102 工場排水試験方法」に規定されている，イオンクロマトグラフ法による陰イオン（塩化物イオン，ふっ化物イオン，亜硝酸イオン，硝酸イオン，りん酸イオン，臭化物イオン及び硫酸イオン）分析操作に関して，次の記述の中から誤っているものを一つ選べ。

1　試料中の懸濁物や有機物は，分離カラムの性能低下の原因となる場合があるので，これらの物質を含む試料は，除去操作を行った後に試験する。

2　試料中に含まれる陰イオン間の濃度の相違が大きいと，感度妨害を引き起こす場合がある。

3　操作中，溶離液に新たな気体が溶け込むのを避けるための対策を講じる。

4　イオンクロマトグラフは，測定対象イオンの濃度にかかわらず，分離カラムとサプレッサーを組み合わせた方式のものを使用する必要がある。

5　検量線を作成する際には，測定対象とする複数のイオンを含む混合標準液を使用することができる。

［題 意］　排水中の陰イオンのイオンクロマトグラフ法による分析操作に関する設問である。

［解 説］　イオンクロマトグラフ法は高速液体クロマトグラフ法の一つで，イオン交換樹脂を充塡した分離カラムに水溶液中のイオン種成分を分離，定量するものである。「JIS K 0102 工場排水試験方法」では設問に掲げられている陰イオンのほかにアンモニウムイオン，ナトリウム，カリウム，カルシウム，マグネシウムなどの陽イオンの分析にも使用されている。イオンクロマトグラフ法については「JIS K 0127 イオンクロマトグラフィー通則」に詳しく規定されている。

選択肢**1**は正しい。試料中の懸濁物や有機物（たん白質，油類，界面活性剤など）は分離カラムの性能を劣化させるおそれがあるので，試料をあらかじめろ過して用いる。有機物は限外ろ過膜ででろ過して除去する。

選択肢**2**は正しい。イオン間の濃度に大きな相違があると妨害を受けることがある。

選択肢**3**は正しい。溶離液は脱気するか，または脱気した水を用いて調製し，また操作中に新たな気体が溶け込むのを避けるための対策を講じる。溶離液に気体が溶解していると配管，カラム，検出器などで気体の泡が発生してノイズが生じたりシステムが不安定になったりする。

選択肢**4**は誤りである。イオンクロマトグラフには分離カラムとサプレッサーを組み合わせた方式のものと分離カラム単独の方式のものがあり，どちらを使用してもよい。

選択肢**5**は正しい。イオンクロマトグラフ法による陰イオンの分析では通常混合標準液が使用される。

［正 解］　**4**

問 22

「JIS K 0102 工場排水試験方法」に規定されている金属元素の試験における試料の保存処理又は前処理の操作に関して，次の記述の中から誤っているものを一つ選べ。

1　溶存鉄の試験に用いる試料は，試料採取後速やかに硝酸を加え，pH 約 1 として保存する。

2　クロム（Ⅵ）の試験に用いる試料は，試料採取後，そのままの状態で 0 ℃～ 10 ℃の暗所に保存する。

3　有機物及び懸濁物がきわめて少ない試料は，塩酸又は硝酸を加えて静かに煮沸する。

4　有機物が少なく，懸濁物として，水酸化物，酸化物，硫化物，りん酸塩を含む試料は，塩酸または硝酸を加えて加熱分解する。

5　酸化されにくい有機物を含む試料は，硝酸を加えて加熱分解を行った後に放冷し，硝酸を再度加え，過塩素酸を少量ずつ加えて加熱分解する。

【題 意】　排水中の金属元素の試験における試料の保存処理または前処理の操作に関する設問である。

【解 説】　「JIS K 0102 工場排水試験方法」では金属元素の試験に用いる試料はつぎのような保存処理を行う。

・銅，亜鉛，鉛，カドミウム，マンガン，鉄，アルミニウム，ニッケル，コバルト，ひ素，アンチモン，すず，ビスマス，クロム，水銀，セレン，モリブデン，タングステン，バナジウムなど　　硝酸を加えて pH 約 1 として保存する。

・ひ素，アンチモンおよびセレン（有機物，多量の硝酸イオンならびに亜硝酸イオンを含まない，試験において硫酸および硝酸，または硝酸および過マンガン酸カリウムによる前処理を行わない場合）　　塩酸（ひ素分析用）を加えて pH 約 1 として保存する。

・クロム（Ⅵ）　　そのままの状態で 0 ～ 10 ℃の暗所に保存する。

・溶存状態の金属　　ろ紙でろ過した後，硝酸を加えて pH 約 1 として保存する。

選択肢 **1** は誤りである。溶存鉄の試験における試料の前処理は，試料をろ紙 5 種 C

を用いてろ過し，硝酸（1＋1）を加えて煮沸する。

選択肢**2**は正しい。

選択肢**3**は正しい。有機物および懸濁物がきわめて少ない試料の場合は，塩酸または硝酸を加えて加熱し約10分間静かに煮沸する。

選択肢**4**は正しい。このような試料は，塩酸または硝酸を加えて加熱濃縮する。不溶解物をろ過し，ろ液と洗液を全量フラスコに移し入れ，水を標線まで加える。

選択肢**5**は正しい。酸化されにくい有機物を含む試料は硝酸と過塩素酸による分解で処理する。過塩素酸を加えた後，さらに加熱を続け，過塩素酸の白煙が発生し始めたら時計皿で容器を覆い，過塩素酸が器壁を流下する状態に保って有機物を分解する。過塩素酸を用いる加熱分解操作は爆発の危険性があるため，過塩素酸を加える前に有機物を硝酸で十分に分解しておく，過塩素酸の添加は必ず濃縮液を放冷した後に行う，必ず過塩素酸と硝酸とを共存させた状態で加熱分解を行う，濃縮液を乾固させない，などの注意が必要である。

【正解】 **1**

問 23

ガスクロマトグラフ質量分析計で用いられる電子イオン化（EI）法において，イオン源の構成要素と成り得ないものを一つ選べ。

1　フィラメント

2　引き出し電極

3　誘導コイル

4　押し出し電極

5　電子トラップ

【題意】 ガスクロマトグラフ質量分析計の電子イオン化法に関する設問である。

【解説】 電子イオン化（EI）法のイオン源については，「JIS K 0123 ガスクロマトグラフィー質量分析通則」の「5.4 質量分析計，a）　イオン化部」に解説されている。**図**に電子イオン化（EI法）におけるイオン化部の構造を示す。

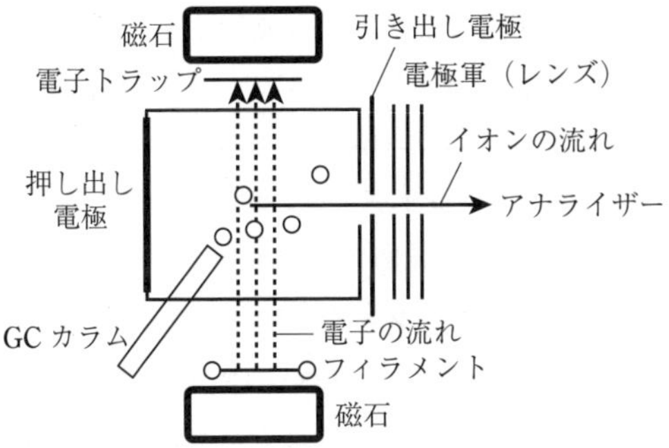

図　イオン化部の構造

イオン化部はガスクロマトグラフによって分離された分析種をイオン化し，アナライザーに導く部分である。カラムから排出された化学種は，フィラメントから電子トラップに向けて流れている電子の流れと衝突してイオン化する。イオンは押し出し電極と引き出し電極によってアナライザーに向かって移動し，電極群（レンズ）によってイオンビームにまとめられ，加速される。外側に設置されている磁石は，電子の流れを収束させるて化学種との衝突効率を高める役割がある。

設問の選択肢のうち，**3** の誘導コイルが用いられていない。誘導コイルは，ICP 発光分光分析装置や ICP 質量分析装置で誘導結合プラズマ（ICP）を発生させるために使用される。

正 解　**3**

問 24

「JIS K 0450-70-10 工業用水・工場排水中のペルフルオロオクタンスルホン酸及びペルフルオロオクタン酸試験方法」に関する次の記述の中から，誤っているものを一つ選べ。

1　試料容器は，ポリプロピレン製ねじ蓋瓶を用いる。

2　試験は試料採取後，直ちに行う。直ちに行えない場合には，0℃～10℃の暗所に保存し，できるだけ早く試験する。

3　試料の前処理には，固相カラムを用いる。

4　前処理操作から得られた溶出液は，40℃以下で加熱しながら，窒素を緩やかに吹き付け，一度乾固させてから測定用溶液とする。

5　定量には，高速液体クロマトグラフタンデム質量分析計を用いる。

〔題 意〕 排水中のペルフルオロオクタンスルホン酸 (PFOS)，ペルフルオロオクタン酸 (PFOA) の試験方法に関する設問である。

〔解 説〕 ペルフルオロオクタンスルホン酸 (PFOS)，ペルフルオロオクタン酸 (PFOA) (**図 1**) は化学的に安定で優れた界面活性作用があり産業界で広く使用されてきたが，環境残留性，生体蓄積性があり，「残留性有機汚染物質 (POPs) に関するストックホルム条約」で製造・使用，輸出入が禁止，制限される規制対象物質となっている。

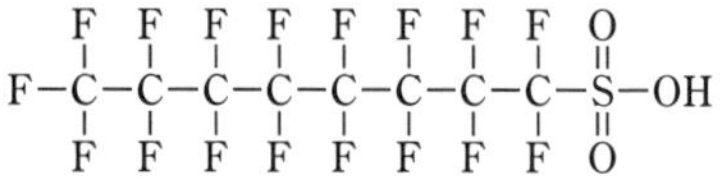

PFOS

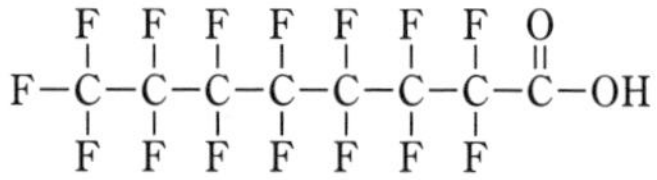

PFOA

図 1　PFOS と PFOA

「JIS K 0450-70-10 工業用水・工場排水中のペルフルオロオクタンスルホン酸及びペルフルオロオクタン酸試験方法」では PFOS および PFOA の直鎖異性体を固相カラムおよび高速液体クロマトグラフタンデム質量分析計 (LC/MS/MS 計) で定量する試験方法について規定している。

選択肢 **1** は正しい。試料容器は容量 100 ～ 1 000 mL のポリプロピレン製ねじ蓋瓶を用いるが，汚染を防ぐため 4 ふっ化エチレン樹脂製などのパッキンは用いない。容器は水で洗浄した後，メタノールで洗浄し，メタノールを揮散させる。

選択肢 **2** は正しい。

選択肢 **3** は正しい。固相カラムは使用前にコンディショニング液を通してコンディショニングを行っておく。

選択肢 **4** は誤りである。試料の前処理は，内標準物質として ^{13}C 標識化 PFOS および ^{13}C 標識化 PFOA を加えて固相カラムで測定対象物質を吸着させ，洗浄，溶出させ，濃縮して一定量とする。この溶出液を 40℃以下で加熱しながら，窒素を緩やかに吹き付け，約 1 mL になるまで濃縮して測定溶液とする。

選択肢 **5** は正しい。高速液体クロマトグラフタンデム質量分析法 (LC/MS/MS 法) は質量分離部 2 台を衝突活性化室を介して連結した構造で，第 1 の質量分離部で選択されたイオンを衝突活性化室で不活性ガスと衝突させて活性化しフラグメンテーショ

図2　LC/MS/MS装置の構成例

ンを起こさせ，生じた2次イオン（プロダクトイオン）を2台目の質量分離部で分離検出する。**図2**にLC/MS/MS装置の構成例を示す。

【正 解】 4

問 25

「JIS B 7954 大気中の浮遊粒子状物質自動計測器」に規定されている，ベータ線吸収方式の自動計測器に関する次の記述の［(ア)］～［(ウ)］に入る語句の組合せとして，正しいものを一つ選べ。

ベータ線吸収方式は，ろ紙上に捕集した粒子によるベータ線の吸収量の［(ア)］から［(イ)］濃度としての指示値を得るものである。ベータ線の検出器として，シンチレーション検出器や［(ウ)］検出器などを使用する。

	（ア）	（イ）	（ウ）
1	増加	相対	周波数
2	減少	相対	周波数
3	増加	質量	周波数
4	減少	質量	半導体
5	増加	質量	半導体

【題 意】 ベータ線吸収方式の大気中の浮遊粒子状物質自動計測器に関する設問である。

【解 説】 浮遊粒子状物質は大気中に浮遊する粉じん（ダスト，ヒューム，ミストを含む）であり，固体のものだけでなく微細な液体粒子も含まれる。大気の汚染に係わる環境基準では，大気中に浮遊する粒子状物質で，その粒径が10 μm以下のものとされる。

「JIS B 7954：2001 大気中の浮遊粒子状物質自動計測器」では**表**に示す方式が規定されている。

表　「JIS B 7954：2001 大気中の浮遊粒子状物質自動計測器」で規定されている方式

名　称	捕　集	原　理	測定量
ベータ線吸収方式	ろ紙捕集	ろ紙のベータ線吸収量の増加	質量濃度
圧電天びん方式	静電的に水晶振動子上に捕集	振動数の変化	質量濃度
光散乱方式	検出器内に大気を導入	散乱光量	相対濃度
フィルター振動方式	ろ紙捕集	円すい状振動子の振動数の低下	質量濃度
(参考) 吸光方式	ろ紙捕集	ろ紙の吸光度，反射量の変化	相対濃度

計測方法は，粒子状物質をろ紙あるいは検出器表面に捕集して質量濃度を求める方法と，光散乱方式や吸光方式のように質量濃度に比例する物理量を測定して換算して質量濃度を求める方法がある。質量濃度は単位体積の空気中の浮遊粒子状物質の質量で，単位は $\mu g/m^3$ で表す。換算によって得られた質量濃度を相対濃度という。

この設問はベータ線吸収方式の自動計測器に関するもので，**図**にこの方式の構造を示す。

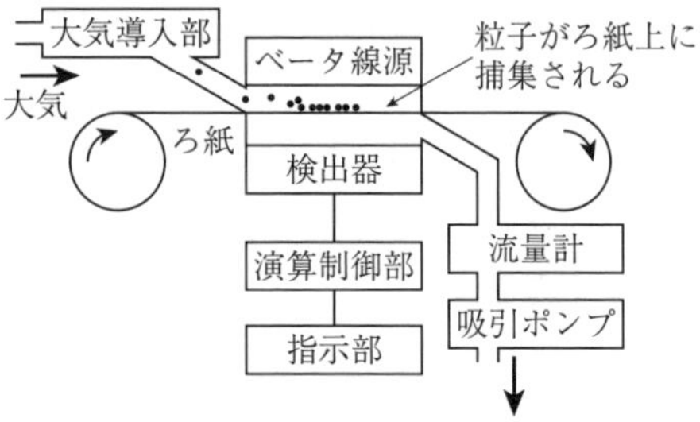

図　ベータ線吸収方式の構造

大気導入部は，大気導入管を接続する部分で，必要に応じて分粒装置を付加する。

導入された大気中の浮遊粒子状物質は，大気吸収ポンプを接続する部分との間に設置されたテープ状のろ紙上に捕集される。ろ紙はリール状に巻かれたテープ状のもので，一定時間ごとに左右または一定方法に一定の長さだけ移動し，測定が終了すると巻取リールに巻き取られる。

ベータ線源は，密封線源で，^{14}C，^{147}Pm などの低いエネルギーのもので，放射線障害防止法に規定された“放射性同位元素”には該当しないが，その扱いには注意しなければならない。

検出器は，試料採取前後のろ紙によって吸収されるベータ線の強さを測定するもので，シンチレーション検出器，電離箱，半導体検出器などを使用する。

設問の文章の（ア）は増加，（イ）は質量，（ウ）は半導体である。この組合せは選択肢**5**である。

【正 解】 **5**

環境計量士（濃度関係） 国家試験問題 解答と解説
2．環化・環濃（環境計量に関する基礎知識／化学分析概論及び濃度の計量）（第 68 回～第 70 回）

2020 年 11 月 30 日 初版第 1 刷発行

検印省略

編 者	一般社団法人 日本計量振興協会 東京都新宿区納戸町 25-1 電話 (03)3268-4920
発行者	株式会社 コロナ社 代表者 牛来真也
印刷所	萩原印刷株式会社
製本所	有限会社 愛千製本所

112-0011 東京都文京区千石 4-46-10
発行所 株式会社 **コロナ社**
CORONA PUBLISHING CO., LTD.
Tokyo Japan
振替 00140-8-14844・電話(03)3941-3131(代)
ホームページ https://www.coronasha.co.jp

ISBN 978-4-339-03233-8 C3353 Printed in Japan （柏原）N